わかる！
使える！

配管設計入門

西野悠司 ［著］
Nishino Yuji

日刊工業新聞社

【 はじめに 】

　本書は、日刊工業新聞社発行の「わかる！使える！入門シリーズ」の中の1冊として、「配管設計」をテーマに企画されました。このシリーズの本の特徴は、いずれの本も3つの章で構成されていることです。これまでに出版された同シリーズは、すべて「製造技術」あるいは「製造技能」に関連する本で、3つの章の内容はおおむね、第1章「製造機械・技能の基礎」、第2章「作業の段どり」、第3章「実作業のポイント」のようになっています。

　さて、本書はこのシリーズ、初めての「設計技術」に関する本であり、3つの章をどのような構成にするかを決めるのにあたり、「エンジニアにとってなにが大切か」をあらためて考えてみました。

　第1に、エンジニアは、基本的な心構えとして「自然現象をありのままに捉え、その現象がなぜそのようになるのか」を日ごろから考えるところより始め、設計の公式などは覚えるのではなく、原理を遡り、その式がどのようにして導き出されたのか、その過程を考察することが重要です。それらを理解することにより、公式のない課題にぶつかったときも、その中へ踏みこんで解決への糸口を摑むことが可能となるでしょう。

　第2に、設計技術も製造技能と同じように、実際に手を動かしてやってみること、すなわち、具体的な問題を実際に解いてみることが大切です。その実践、演習を通して初めてその技術を体得できると言えるでしょう。

　この2つの観点から、本書は次の3つの章で構成することとしました。

　第1章は、「配管設計　はじめの一歩」とし、配管設計技術を知識としてではなく、どのように組みあがっているかを、また、設計に使う公式は覚えるのではなく、どのようにして導き出されてくるのかを、重点的に説明します。そのため、この章の計算式などは説明に不可欠なもののみにとどめ、ほかの公式やデータ類は第2章に集中的に配置しました。

　さらに付け加えておきたいのは、設計技術上の課題を解決するには、解析力はもちろんですが、課題にぶつかったときに、課題や現象（たとえば事故）を、直感的に捉える力、イメージ化する力が非常に重要であると考えます。そのような理由から、第1章では工学的課題や工学的現象をできるかぎ

り直感的に把握したり、イメージ化できるように注力しました。

　第2章は、「設計データ、公式集」として、実際に設計を行う際に必要となる物性値、各種係数、などのデータを2.1節に集約し、配管設計で使うことの多い公式を、第1章に出ている計算式も含めて、まとめて2.2節に集約しました。

　第3章「設計実践編」では、第1章の考え方を基に、第2章のデータ、公式を使って、実際に出会うであろう設計課題をどのようにして解いていくか、その過程を示しました。その際、適宜、第1章、第2章の関連項目を参照しています。

　本書により、諸兄の「配管設計」に関する理解と実践力がさらに増進し、斯界の第一線でのご活躍を祈念しております。

　最後に、本書の執筆の機会を与えていただいた日刊工業新聞社の奥村功出版局長、また、企画段階からアドバイス、ご支援を戴いたエム編集事務所の飯嶋光雄氏に心からお礼申し上げます。そして、本書執筆にご協力いただいた多くの方々に感謝申し上げます。

● 本書使用上の手引き

① 第2章の2.2節　設計計算式 に示される計算式の式番号は、第1章に既出した式については第1章の計算式の式番号とし、第2章で初出した計算式の式番号は、第2章独自の式番号としました。また、係数や記号の表の一部は、第1章と第2章に重複して掲載しているものがあります。

② 本書の課題（例題）において、管材質に対する許容引張応力は、特別なものを除き、安全係数（安全率）を3.5とする「火力技術基準の解釈（2017年2月改正）」の値を使用しました。

③ 本書に出てくる、B31.1は、ASME B31.1 Power Piping、B31.3は、ASME B31.3 Process Pipingのことです。また、日本石油学会発行のJPI7S-77　石油工業プラントの設計基準は、B31.3を下敷きにした基準であり、日本機械学会発行　JSME S TA1「発電用火力設備規格　詳細規定」の第Ⅴ章はB31.1を下敷きにした規格です。

2018年8月　　　　　　　　　　　　　　　　　　　　　　　西野　悠司

目　次

【第**2**章】

設計準備・資料室
設計に必要なデータ、計算式

【第**3**章】
設計実践教室
設計課題を実際に解いてみる

1 耐圧強度評価の実際

2 流れの評価の実際

3 配管熱膨張と配管サポート計画の実際

設計基礎教室

配管設計　はじめの一歩

ものの原理から考える

❶ものの原理から学ぶ

「配管設計」は、その基礎を「材料力学」「水力学」「機械力学」「熱工学」「数学」などの「工学」に置いています。そして「工学」はニュートンの3つの力学の法則、ベルヌーイの定理、ボイルシャルルの法則、などの法則や定理にその基礎を置いています。法則や定理は「ものに働く力や動きをつかさどる原理」です。

「配管設計」はこれらの原理と、幾世紀にもわたって脈々と培われてきた経験とが縦糸と横糸のように織りこまれ、できているものです。

配管設計より広義の「配管技術」をよく理解するために、ものの原理を理解することが大切であり、何か疑問が生じたら、ものの原理に立ち返って考えてみることが肝心です。

もとより、工学の世界のみならず自然界も「ものの原理」の支配の下にあります。下ることができるが、上ることのできない水は、窪地を越えるとき、上りが無くなるまで、水位を上げてから流れ始めます（**図1-1-1**参照）。

これは自然の法則に従っています。一方、古代ローマの人は、水を輸送するとき、窪地を越えるのに、人工の池（大掛かりなダムや堤で囲う必要がある）を作って越えるのでなく、橋を渡すか、逆サイホンを使って、窪地を越えました（**図1-1-2**）。古代ローマに当時どれだけの技術があったか、定かなことはわかりませんが、祖先からの長い経験から、「水は必ず高いところから低いところへ流れる」という原理は知っており、その原理を利用して、大規模にして精緻なローマ水道を建設し、橋や逆サイホンの利用に至ったものと思われます。

ここに配管技術の始まりを見ることができます。

現代においては、配管技術という成熟した技術が確立されており、それを活用して、われわれは配管設計を行っています。しかし、ときに公式が当てはまらないような課題に直面することもでてきます。そうしたときは、「ものの原理」に立ち返って考えることが必要です。ものの原理で考えるとき、役に立つのは四力学、すなわち、水力学、材料力学、機械力学、熱力学です。そして、それらを活用するには、ある程度の数学の助けを借りる必要があります。

　もっとも大切なのは、課題に対する答えを出すのに、これらの工学をどのように使うのか、ということです。その使い方を示唆してくれるのは、各人が「積み重ねてきたさまざまな経験」であると思います。

❷自頭力を行使—無から有を生み出せないが—

　ルーチンワークのようなものでない、未知の課題にぶつかったとき、その課題を解く知識・経験をいつもすべて持っているとは限りません。そのようなとき、自分の持っている知識・経験を活かして、なんとか答えにたどりつこうとする根性が、問題解決にあたって非常に大切です。この根性のようなものを自頭力（じあたまりょく）と言います。自頭力発揮の例としてよく引き合いに出されるのは、「東京にピアノ調律士は何人いるか」という問題です（この問題はフェルミという人が考えました）。答えに行き着く過程を図1-1-3に示します。この中には何箇所か推定が入っていますが、難かしい推定ではありません。

　データや計算式がわからなくても、知っている知識・経験だけを使い、かなりのところまで答えに迫ることができるということです。

図 1-1-1　水が窪地を越える方法—自然の場合—

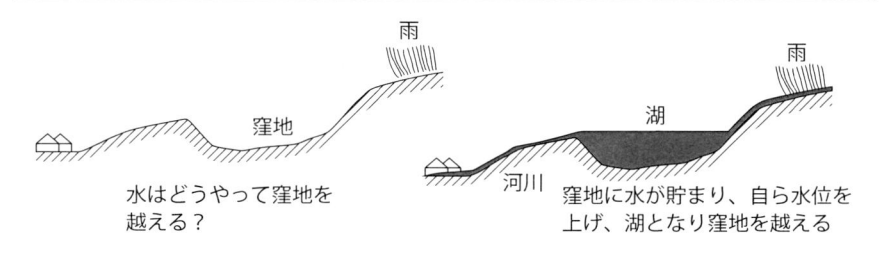

図 1-1-2　水が窪地を越える方法—人工の場合—

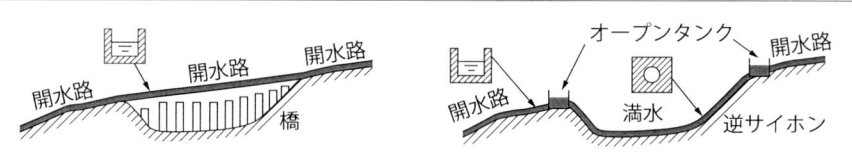

図 1-1-3　自頭力の例：東京に何人のピアノ調律士がいるか

1. 1. 2
直感-バランス感覚とイメージ力

❶直感とバランス感覚

　文学、音楽、絵画・彫刻など、芸術の世界において、作品を創作するとき、よく「直感」あるいは「ひらめき」が重要な働きをするといわれます。それらひらめきは、作品のプロットや情景描写などに生かされることでしょう。

　「工学の世界」あるいは「技術の世界」においても、「直感」は重要です。

　「直感」は、課題の答えに到達するための補完的なアプローチ手段ですが、デジタル的、解析的なものではなく、アナログ的、イメージ的なものです。

　芸術の場合は、「直感」や「ひらめき」は「持って生まれた特別の才能、天分」によるところが多いと思われますが、技術の世界では、長年培ってきた経験—その主なものは「バランス感覚」とも言えるもので、その中から「直感」や「ひらめき」が生まれるように思われます（図1-1-4参照）。

　それでは、経験から得られるバランス感覚とは、どんなものでしょうか。世の中に存在する形あるものは、自然を支配する物理法則により、静的、動的に、バランスがとれています。そのバランスが崩れているものは、ものの原理に反している可能性が大きく、いつか、どこかで、破綻をきたす可能性が高いと思われます。

　直感で「おかしい」と感じるのは静的、動的な「バランス」がおかしいことで、気づく場合が多いように思われます。

　その大切なバランス感覚を養うには、多くの図面を読み（「見る」のではなく、「読む」）、現場にたびたび足を運んで、実物を見、また、日ごろから身の周りや生活の中においても、好奇心を持ってもののたわみ方、曲げモーメントの状態、ものの安定性、振動の仕方、などに注意を払うことが大切です。

　「バランスがおかしい」と感じるのは、「もの」や「図面」を見ているときです。「もの」が眼前にないときは、図面や写真を見る。それもないときは、ポンチ絵を書いてみて「イメージ（見える化）」にすることが大切です。

　いま、図1-1-5（a）のようなA、Dの両端を固定した門型配管が熱膨張したときに生じる配管の変位と曲げモーメントを、パソコンソフトのO/Pに頼らずにイメージしてみましょう。

①先ずAを固定、Dをフリーと仮定して、指定温度まで自由膨張させます。その場合、膨張後の各コーナの点は、A点とB、C、D各点を結ぶ延長線上にあるという経験則が役立ちます。そして（a）の破線のように、自由膨張後の配管が画けます。

②自由膨張後の端点D′は、本来Dに固定されているので、仮想の力を加えて、Dの位置まで戻します。Dに正しく垂直を保って戻すには（b）に示すとおり、力だけでなく、曲げモーメントを加えなければなりません。D′をDに戻し終えたとき、B′、C′がどのような位置に、そして、A-B′、B′-C′の管がどのようにたわむかを材料力学の基礎知識（ダブルカンチレバー、両端固定梁などのたわみ方、1.4.6項、1.4.7項参照）と自分の経験により（b）の太い破線のように画きます。

③各梁の曲げモーメント図（BMD）を（c）のように画きます。ガイド付き片持ち梁や両端固定梁などのBMDを画けるようにしておくと重宝します。

　この辺のところをいちいち計算しなくても、頭で考えながら画けるようにしておくことは、エンジニアにとって大切なことと思います。

図 1-1-4　直感のはたらき

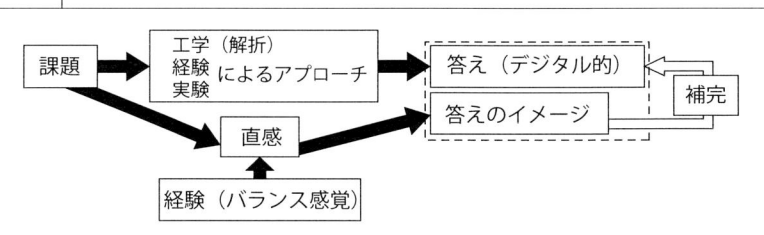

図 1-1-5　門型配管の熱膨張イメージ

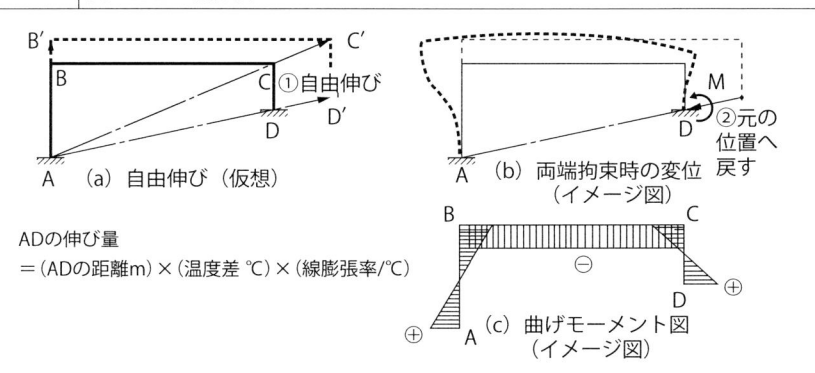

1.2.1
負荷応力と変位応力

❶荷重／応力には２つのタイプがある

われわれが扱う荷重と応力には２つのタイプがあります（**図1-2-1**参照）。

タイプⅠの荷重は、たとえば、管自重、管内の流体重量、保温重量、管内の圧力が管壁を押す荷重、安全弁放出時や水撃（ウォータハンマ）時の衝撃力、などです。これらの荷重を**負荷荷重**（Sustained Load、図1-2-1（a））、これにより生じる応力を負荷応力、または一次応力といいます。

タイプⅡの荷重は、機器ノズルに両端を固定された配管が熱膨張したとき、機器ノズルにかかる荷重や、タンク送油管で、タンク基礎と配管サポート基礎が不等沈下したときの相対変位に起因するタンクノズルやサポートに生じる荷重などです。これらの荷重を**変位荷重**（Displacement Load、図1-2-1（b））、これにより生じる応力を変位応力、または二次応力といいます（配管の場合、一般に「変位応力」が使われます）。

❷負荷応力の特徴

図1-2-2は負荷応力の特徴を説明しています。負荷応力は前に挙げた例のように、配管が荷重や圧力のような負荷を受け、これに耐えるときに生じる応力です。この応力は図に見るように、負荷荷重が増えていき、応力が降伏点を超えると、それまでの弾性変形から、一気に大きな塑性変形を引き起こします。この大きな変形過程は落ち着くところ（塑性変形することにより、材料強度が少し上がるところ）までいかないと、途中では止めようのないものです。

したがって、負荷応力の場合、原則的に降伏点を超えて使うことはできません。降伏点を超えるたびに塑性変形が積み増しされ、ついには、割れを発生、やがて破壊されるからです。

❸変位応力の特徴

図1-2-3は変位応力の特徴を説明しています。

変位応力というのは、前に挙げた配管熱膨張の拘束や管の両固定端間の相対変位など、変位に起因する応力です。この応力は、拘束された管が変位の増加により、応力を増やし降伏点を超えたとき塑性変形しますが、変位が止まれば、そこで変形は止まります。これを**自己制限性**があると言います。

　図1-2-3において、2の状態は1の状態より明らかに破壊に近い状態にあります。しかし降伏点を超えた変位応力は、あるひずみの範囲内でひずみは増えますが、応力はほぼ降伏点応力のまま推移します。したがって、応力によって破壊への近さを表現することができません。材料力学ではひずみの大きさでなく、応力の大きさで強度を評価します。そこで、ひずみの大きさを応力で表す方法として、降伏後も弾性変形を続けると仮想した**「弾性等価応力」**を導入します（図1-2-3のS_1、S_2）。変位応力では、降伏点より高い応力はすべて弾性等価応力で、仮想の応力です。

　破壊の観点からは、変位応力の方が負荷応力よりも、冗長性があり、変位応力は、負荷応力より許容応力を高く設定できます（1.4.1項参照）。

　自己制限性のある変位応力は次のような特徴を持っています。

①延性のある管では、応力が降伏点に達しても破損や配管全体に及ぶ変形を起こすことは、一般的にありません。何回も繰り返してかかる変位荷重により、疲労が蓄積していき、やがて疲労で破壊します。

②疲労による破壊は変位を繰り返す過程（サイクル）における最高応力と最低応力の差、すなわち**応力範囲**（応力振幅の2倍）に関係します。

図 1-2-1	負荷荷重と変位荷重が配管にかかる

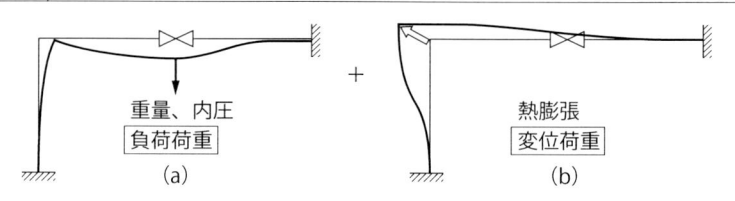

重量、内圧
負荷荷重
(a)

＋

熱膨張
変位荷重
(b)

図 1-2-2	負荷応力

応力

降伏

負荷荷重
（圧力、重量）

重量による変形

W

Δ

e_w　ひずみ

図 1-2-3	変位応力

S_2
S_1

自己制限のある応力

降伏

応力

1 2

変位荷重
（膨張変位、相対変位）

膨張

Δ

熱膨張による変形

e_1 e_2　ひずみ

1. 2. 2
延性破壊と脆性破壊

❶ものの壊れ方

1.2.1項で見たように、異なるタイプの荷重と応力があります。物の壊れ方にも、**表1-2-1**に見るようにいろいろな壊れ方があります。

先ず、延性破壊と脆性破壊です。

図1-2-4は延性材料と脆性材料の引張試験の結果を、縦軸に荷重〔N〕、横軸に荷重による変形（延び）量〔mm〕を、破壊にいたるまでプロットして比較したものですが、延性破壊と脆性破壊の特徴が示されています。この2つの破壊形態は材料の性質と直結しており、延性破壊は延性材料の破壊形態、脆性破壊は脆性材料の破壊形態となります。荷重〔N〕-伸び〔mm〕曲線の荷重の掛け初めから破断までの囲まれた面積（図のハッチング部）、N・mmはエネルギーの単位であり、ものが壊れるまでにものが吸収したエネルギーを示しています。材料に掛かるエネルギーがこの値に達しなければ、変形はしても破断はしません。

❷延性破壊

図1-2-4（a）の図の延性材料は、壊れるまでに十二分に伸びるので、吸収エネルギーが大きく、壊れにくい材料といえます。

延性破壊には表1-2-1に示す3つの様式があります。延性破断はもっとも一般的な破断で、応力が降伏点を超え、引張強さに達したときに破断します。

❸塑性変形

塑性変形は、発生応力が弾性域を超え、降伏点に達すると永久ひずみ（すなわち、塑性変形）を生じることで、可動部分はその変形により本来の機能に支障の出る可能性があり、動かない部分では、即、漏れが出るとは限りませんが、そのような状況の繰り返しにより変形が進み疲労して、漏れや割れ、さらには破壊につながるので、疲労に対する是正処置が必要となります。

❹脆性破壊

脆性材料とは、図1-2-4（b）の図に見るように、ほとんど変形せずに破壊してしまう材料です。エネルギーが加えられたとき、変形による吸収エネルギーは非常に小さいので、小さなエネルギーで壊れてしまいます。ほとんど変

形なしに破壊するので、見た目には一瞬にして破壊される危険な壊れ方です。鋳鉄、ガラス、陶器、などは本質的に脆性な材料です。

　本来延性である鋼材も、よく使われる炭素鋼や低合金鋼などは低温においては脆性になるので注意が必要です。それに反して、オーステナイト系ステンレス鋼には、低温で脆化する性質はありません。

　低温脆性を起こす延性材料の、脆性破壊を起こす危険な温度は、試験片の温度を下げていき吸収エネルギーが急激に減少する温度、具体的には、Vノッチ試験片で**シャルピー試験**を行い、脆性破面率が50％となる遷移温度、または吸収エネルギーが、延性である温度（延性破面率100％となる温度）における吸収エネルギーの1/2の値に相当する温度とします。

　脆性破壊は溶接欠陥などのき裂のあるところや切欠き形状のところにエネルギーが集中し、そこから破壊が始まります。部材の厚さが厚い場合は材料的な欠陥を内在しやすく、欠陥の切欠き部に集中するエネルギーが高くなるので、JIS B 8267「圧力容器の設計　付属書R圧力容器の衝撃試験」などでは、材質だけでなく、厚さにより衝撃試験要求の温度を変えています。

表 1-2-1　ものの壊れ方の形態

大分類	小分類	事　例
延性破壊	延性破断	応力が引張強さを超えるとき
	クリープラプチュア	クリープ域での破損
	塑性変形	応力が降伏点を超え、永久変形が残る
脆性破壊	脆性材料、または低温の延性材料の破壊	
疲労破壊	低サイクル疲労破壊	起動停止に伴う熱膨張収縮サイクルなど
	高サイクル疲労破壊	一般的な配管振動
座　屈	圧縮応力により、突然破壊（圧壊）する	

図 1-2-4　延性破壊と脆性破壊の特徴

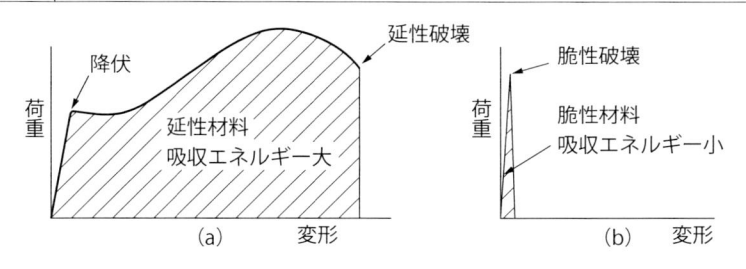

疲労破壊

❶疲労破壊という現象

疲労破壊は、ものに繰返し荷重が作用し、曲げ、伸縮などの変形が繰り返されるときに起こる破壊様式です。金属材料に応力が掛かると、結晶粒の境界で微視的な滑りを生じ、滑りの往復が繰り返されると滑り面に微細な亀裂が発生、生長し、目に見える割れとなります（**図1-2-5**参照）。微視的亀裂から破損に至るまでには、かなりの時間がかかるので、「疲労」と呼ばれます。

破損に至るまでに繰り返される応力の掛かる回数（サイクル数）を**疲労寿命**と言います。繰返し応力が高いほど寿命は短くなり、その逆も真です。

これ以下なら疲労が起きないという境目の応力を「**疲労限**」と言いますが、疲労限は引張強さの1/2程度ですので、降伏点以下の弾性応力範囲内でも疲労破壊は起きます（降伏点は一般的に引張強さの2/3程度）。

疲労寿命に影響するのは応力の最高値ではなく、応力振幅であり、降伏点を超える場合は弾性等価応力振幅です。応力振幅Sを縦軸にとり、その応力振幅で壊れる寿命（破損するまでのサイクル数）Nを横軸にとり、両軸とも対数目盛で表すと、**図1-2-6**のようになります。この曲線はS-N曲線と呼ばれます。

サイクル数が10^5以下で壊れる疲労を**低サイクル疲労**、10^7を超える疲労を**高サイクル疲労**と言い、10^5から10^7の間は遷移域です。配管ラインの起動停止を1日1回とすると、熱膨張・収縮のサイクル数は配管寿命40年で10^4程度なので、低サイクル疲労になります。低サイクル疲労で、寿命が短い場合は破壊する振幅が降伏点を超えた塑性領域になることもあります。配管の熱膨張拘束による低サイクル疲労とその許容応力範囲については1.4.1項および2.2.2項を参照願います。

❷高サイクル疲労

配管でよく起こる振動は、振動数を比較的小さい$10\,\mathrm{Hz}$としても、40年間では10^{10}程度になるので、高サイクル疲労となります。

高サイクル疲労に対する応力振幅を判定する**修正グッドマン線図**（疲労限度線図ともいう）を**図1-2-7**に示します。この座標の縦軸上に応力振幅を、対象材料の疲労試験結果から得た両振り疲労限度σ_{wo}を、また平均応力を示す横軸

上に引張試験結果から得た引張強さσ_b（破断強度／試験前の試験片断面積）をとり、両点を結んだ線が「疲労限度線」です。次に横軸上に降伏点$+\sigma_y$、$-\sigma_y$、縦軸上に$+\sigma_y$の3点をとり、各点を結んで三角形を作ります。この三角形の内部が、設計応力（$\sigma_a+\sigma_m$）が降伏応力に達しない範囲です。この座標に縦軸に応力振幅σ_aを、横軸に平均応力σ_mをとり、三角形と疲労限度線の下側に囲まれた斜線部に入れば、疲労破壊も降伏もしない領域となります。これに適切な安全係数を考慮して設計に使います。引張強さの代わりに真破壊応力を使ったものが**グッドマン線図**です。

図 1-2-5 | 疲労の生長、そして破断

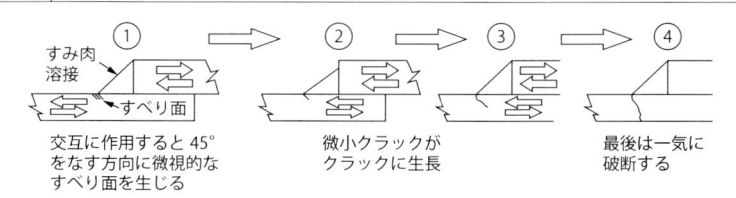

図 1-2-6 | 低サイクル疲労と高サイクル疲労

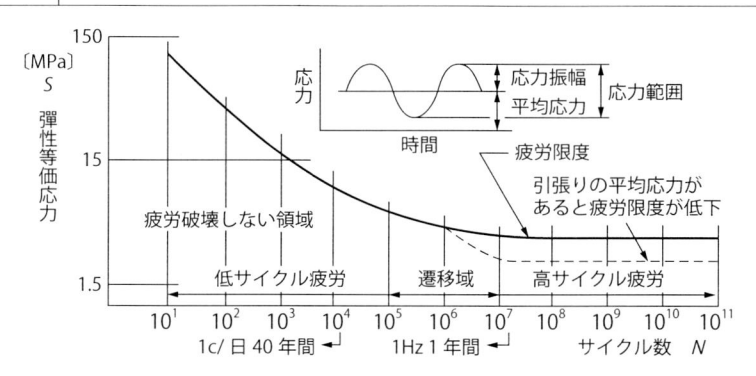

図 1-2-7 | 修正グッドマン線図

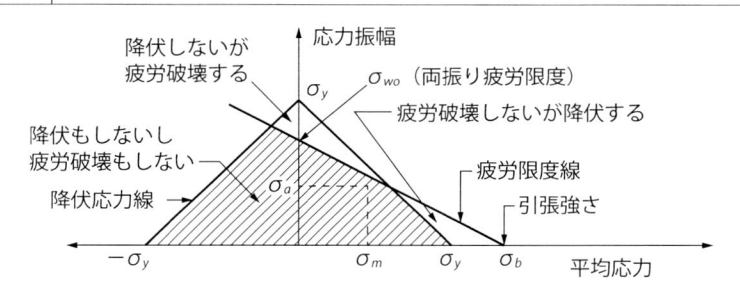

クリープ破断と座屈

❶クリープ破断

　クリープと応力緩和はいずれも、金属材料のクリープ域温度（鋼種により異なりますが一般に370〜430℃以上）で見られる特性です。クリープ域において、一定荷重（応力）のもとにひずみが時間とともに増加していくのが**クリープ**（図1-2-8）で、一次応力的です。ひずみ一定のもとに時間経過とともに応力が次第に減少していくのが**応力緩和**で、運転温度の許容引張応力の辺りで下げ止まるので、二次応力的で、高温域での配管熱膨張時に見られます。

　クリープ破断は、クリープ域温度において、発生応力が変わらない状態で、時間とともにひずみが生長していき、その過程において微細な割れを発生、生長し、割れ同士が連結していき、ついに破断に至るものです。クリープは発生応力が降伏点以下でも起こります。

　クリープの進展過程は図1-2-8のように3段階に分けられます。

　第1段階は、初期荷重が掛かったときに急激に弾性的な伸びが生じ、その後、伸び増加率が低下する区間です。

　第2段階は、定常的にひずみの進む、時間的にもっとも長い段階です。この段階の後半、図1-2-8の①になると、組織の粒界に**クリープボイド**という微小な孔が現われはじめ、それらが増加していきます。

　第3段階の図1-2-8の②になると、クリープ損傷は加速し、ボイドは連続して微細なクラックになり、さらにそれらがつながって、目に見えるクラックとなり（図1-2-8の③）、破断を迎えます。

　クリープの程度を知る方法に、被検査物からサンプルを切り出す「破壊法」、検査対象箇所の硬度測定、**レプリカ**（レプリカフィルムに金属表面の凹凸を写しとり顕微鏡で観察）によりボイドを観察する「非破壊法」があります。

　これらの方法により、使用可能な残り時間（余寿命という）を予測できるので、ひずみが一定の率で進む第2段階において余寿命を把握し、対策を立てることで、割れが入り破断に至る、第3段階での使用を避けることができます。高温で応力の高い配管は、クリープの監視が特に重要です。

❷座屈という現象

　座屈は、重量、あるいは圧力のような負荷荷重により、当該部材に圧縮応力が働いたときに、材料がまだ弾性域にあるにもかかわらず、一瞬にして、あるいは、急激に崩壊する現象です。

　構造部材では、柱の長軸方向の圧縮荷重による座屈と、梁にせん断荷重がかかるときに起こる座屈があります（**図1-2-9**(a)、(b)）。

　柱の座屈の、座屈を起こす臨界荷重に影響する因子は、柱の断面形状、ヤング率、柱両端部の支持方法（固定かピン支持か）、そして細長比（円柱の場合、断面の半径／柱の高さ）で、オイラーの式により求められます。

　梁の座屈は、梁断面の X 軸と Y 軸まわりの断面二次モーメントが異なり、大きい方のモーメント軸を利用する場合、突然梁がねじれ、小さいモーメント軸の方向に誘導され、荷重に耐えられなくなるものです。形鋼などの大きい方の断面二次モーメントを利用する場合は、梁の座屈に留意する必要があります。

　容器、配管の座屈（図1-2-9(c)）については、1.3.6項で述べます。

図1-2-8 | クリープ損傷

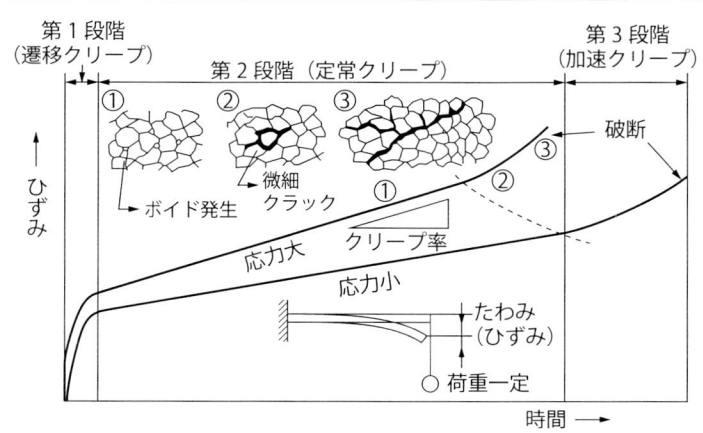

図1-2-9 | いろいろな座屈

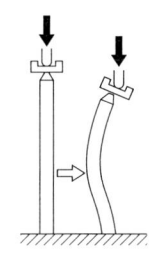 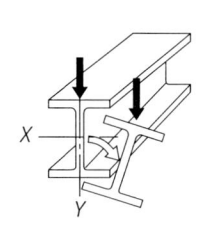 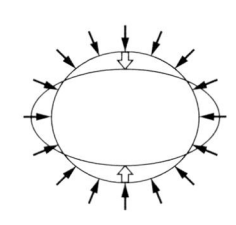

　　(a) 柱軸方向の荷重　　　(b) 梁にせん断荷重　　　(c) 管外側からの圧力

耐圧部の強度

❶圧力の単位あれこれ

　「圧力」とは、流体の接する壁を流体が押す単位面積当たりの力、すなわち、$N/m^2 = Pa$です。数値を適度な大きさにするため、大きな単位の方からMPa、kPa、Paがあります。大気圧に近い圧力で、SI単位導入以前に使っていた$1\,kgf/cm^2$という、なじみ深い単位の感覚を残すため$1\,bar$（$= 1.02\,kgf/cm^2$）の単位が設けられています。$1\,bar$は$0.1\,MPa$（または$100\,kPa$）です。

　流体が液体の場合は、圧力を水柱の高さで表した方が直感的に圧力の大きさをつかめるため、水柱高さで表し、これを静水頭（ヘッド）と言います。4℃の水の密度の場合、$1\,bar$は水柱高さ$10.28\,m$となります。

　MPa、bar、気圧、水柱高さの単位の相関関係は次のようになります。

　　$0.1\,MPa = 100\,kPa = 1\,bar = 0.987$気圧$= 10.2\,m$水柱高さ

　一般に圧力計で測った圧力は、真空を$0\,Pa$とする絶対圧力と区別して、ゲージ圧力と呼びます。ゲージ圧力は大気圧が$0\,Pa$です（**図1-3-1**参照）。学術の場では絶対圧力がよく使われますが、産業界ではゲージ圧力が使われます（産業界でも、学術的な扱いのものは絶対圧力が使われることがある）。本書ではことわらない限りゲージ圧力です。

❷圧力と壁

　容器または管（以降、管で代表させる）の内部に圧力、すなわち内圧を持っているとき、内圧は管の壁に作用し、力（荷重）を与えます。壁のない空間部分は圧力を持った流体が壁に触れていないので「のれんに腕押し」で、力の発生箇所にはなりません。

　流体が管壁に接するところで、圧力は壁に垂直に外側へ力を及ぼします（内圧が管の外の圧力より高い場合）。このとき、壁の断面（肉厚の部分）には引張応力、あるいは曲げ応力が発生します（**図1-3-2**）。この応力、あるいは合成応力が降伏点を超えると、壁の内側または外側から降伏が始まり、圧力がさらに高まれば、降伏が壁全厚さに及び、塑性変形、さらには壁の破裂、すなわち、管の破裂・破断に至ります。

　3つの代表的な管の破断、または破壊状態を模式的に**図1-3-3**に示します。

①管のような円筒状容器の場合、主たる負荷荷重が内圧のみの場合は、壁に生じる応力は図1-3-2（a）のように、引張応力のみとなり、圧力流体に接する管内側の壁に最大引張応力が発生します。この引張応力が降伏点を超えると、塑性変形がはじまり、引張強さに達すると破壊にいたります。円筒状容器の場合は、周方向応力が長手方向応力の2倍になるので、通常、割れは図1-3-3（a）に示すように、管の軸方向で起きます（1.3.3項参照）。

②配管に内圧だけでなく、振動が加わると振動荷重により長手方向曲げ応力が発生、内圧による長手方向引張応力と重畳され、疲労限度を超えると、疲労破壊します。この場合の多くは管の周方向に割れが入ったり、極端な場合は、図1-3-3（b）のように、瞬時に管が完全に分断される、いわゆる「ギロチン破断」をすることもあります。

③配管や容器の内部が外部より低い圧力になると、外部の流体が容器の壁を外側から押します。壁の厚さ方向に圧縮応力と曲げ応力を発生しますが、それらの応力が降伏点に達するよりかなり低い応力において、図1-3-3（c）のように、容器の殻（かく）が一気に潰れます。これを座屈と言い、座屈する圧力（外側からの圧力と内圧との差）は、内圧の耐圧力よりかなり低いので、外側から圧力がかかる配管は座屈に対する評価が必要です（1.3.6項参照）。

図 1-3-1 ｜ ゲージ圧と絶対圧

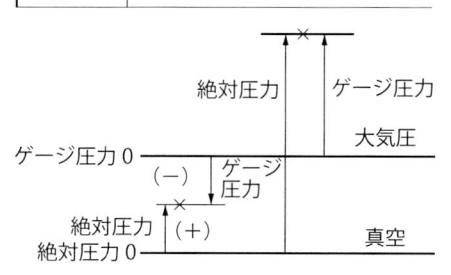

図 1-3-2 ｜ 引張り、曲げ応力

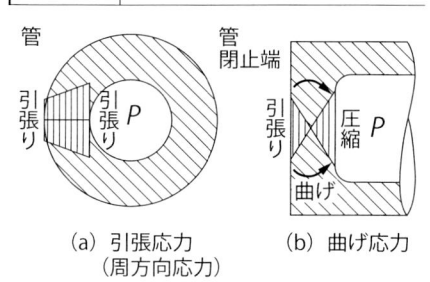

(a) 引張応力
（周方向応力）

(b) 曲げ応力

図 1-3-3 ｜ 3つの代表的な管の破壊状態

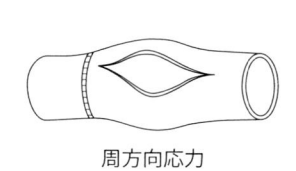

周方向応力

(a) ラプチュア破断

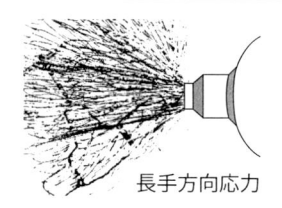

長手方向応力

(b) ギロチン破断

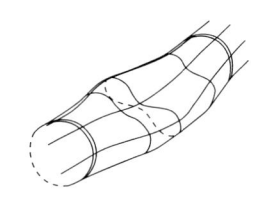

(c) 外圧による座屈

内圧により管に生じる力

❶内圧により管に生じる力（荷重）

　いま、**図1-3-4**のような、内圧Pを持つ円筒の管があり、その左端部は曲面を持つ鏡板で蓋をされているとします。内圧により、この管のX軸方向に発生する力（以下、推力と呼ぶ）について考えます。

　管の中心軸を通るX-Y平面で考え、鏡板の表面の接線が、X軸と角度θをなす微小面積ΔSを考えます。圧力Pはこの微小面積ΔSの壁に垂直に作用し、微小面積に働く圧力による力は$P\Delta S$となります。力の方向は、図1-3-4に示すように、X軸に対しθをなし、この$P\Delta S$のX軸方向の分力は$P\cos\theta\,\Delta S$です。鏡板全体に作用する圧力によるX軸方向の力は、$P\cos\theta\,\Delta S$について鏡板を全面積Sにわたって積分することにより得られますが、次のように考えれば、簡単に求められます。図1-3-4(b)のように、管のX軸に直交する斜線部の断面積をAとすれば、Aの微小面積ΔAと鏡板の微小面積ΔSとの関係は$\Delta S\cos\theta = \Delta A$ですから、鏡板微小部の$X$軸方向の力$P\Delta S\cos\theta$は、$P\Delta A$と書くことができます。$P\Delta A$を$A$全体にわたり積分すれば、管軸方向に発生する力$F$は、

$$F = \int_A P dA = P\int_A dA = P \times A \qquad\qquad (式1.3.1)$$

すなわち、圧力を持った管の、ある断面に垂直に働く力Fは、その断面の面積Aに内圧Pを掛ければよいことになります。

　以上は鏡板のついた管の例で説明しましたが、管が、あるいは閉止端がどんな形状であれ、**図1-3-5**に示すように、内圧の掛かる管の任意の軸に直交する断面（内断面積A）に働く、その軸方向の力Fは常に次式のようになります。

$$F = P \times A \qquad\qquad (式1.3.2)$$

❷管軸方向の任意の位置における圧力による内力

　図1-3-6のような管の、管軸方向のある断面a-aにおける内力の大きさF_aは、a-a断面の内断面積A、内圧Pとすると、❶で述べたように、$F_a = AP$です。同様に、b-b断面、c-c断面における内力は、それぞれ、$F_b = BP$、$F_c = CP$です。図1-3-6はまた、各断面の左右に口径の異なる管があっても、各断面の内力は、その断面の内断面積のみに関係することを示しています。

　また、a-a断面の左方向への推力APの発生箇所は壁のある左端の鏡板です

が、右方向への推力の発生箇所は、2つのレジューサ部と、右端のキャップの
ところで生じ、その合計は、$(A-B)P+(B-C)P+CP=AP$ となり、左方向
の力と同一となります。管全体が剛体であれば、左方向、右方向の力は相殺
し、外力は発生しません。しかし、1箇所でもベローズ継手のような伸縮自由
の継手がある場合は、(その継手の部分の断面積×内圧)の外力が発生します。

図 1-3-4 | 管内圧による推力の計算

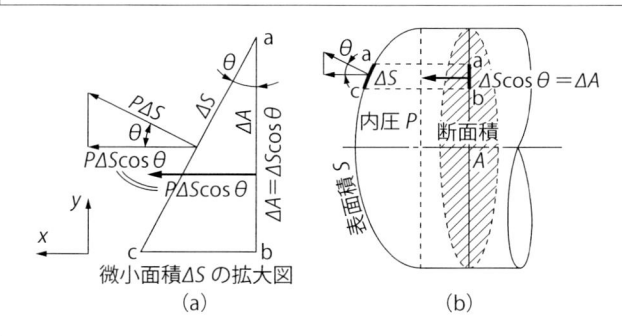

微小面積ΔSの拡大図
(a)　　　　　　　(b)

図 1-3-5 | 内圧による推力計算式の一般化

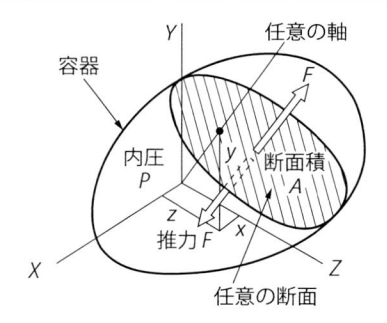

任意の形状の容器の、任意の断面に
内圧により垂直に働く推力Fは、
断面の面積Aに内圧Pを掛けた、

$$F = A \times P$$

で求められる。

図 1-3-6 | 管が剛体の場合、内圧による力はバランスする

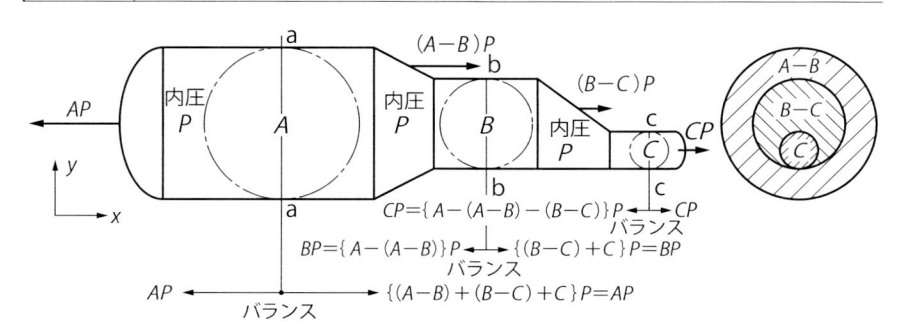

圧力により管に発生する応力

❶内圧による内力によって壁に応力が発生する

1.3.1項、1.3.2項で、圧力により、管に発生する内力について説明しました。**図1-3-7**で見るように、内圧による引張りの内力Fは管を軸方向に分断しようとしている力です。実際に分断されないのは管壁の中に、Fに対抗する応力が生じるからです。内力Fと応力Sの関係は、断面積Aと同一平面内の管壁の全断面積をBとすれば、次式のようになります。

$F = BS$　　　　　　　　　　　　　　　　　　　（式1.3.3）

（式1.3.2）と（式1.3.3）から、

$AP = BS$　　　　　　　　　　　　　　　　　　　（式1.3.4）

が成り立ちます。（式1.3.4）は、圧力による力と、壁に生じる応力による力がバランスする式であり、管の耐圧強度のもっとも基本的な式です。（式1.3.4）から、内圧Pにより壁に生じる応力Sは（式1.3.5）で求めます。

$S = AP/B$　　　　　　　　　　　　　　　　　　　（式1.3.5）

❷長手方向応力と周方向応力

図1-3-8に示すような、管に内圧が掛かった状態を考えると、壁に生じる応力に、X方向応力、Y方向応力、それに半径方向の応力があります。内圧によるX方向の力で発生する応力は、**長手方向応力**といい、図1-3-8のσ_Lがそれです。Y方向の力で発生する応力は、**周方向応力**またはフープ応力いい、図1-3-8のσ_Cがそれです。さらに、**半径方向応力**、すなわち、内圧が壁を押す応力（図1-3-8のσ_R）がありますが、この応力は内圧に等しく、前記2つの応力に比べて一般に小さいので、無視されることが多い応力です。

❸長手方向応力と周方向応力に対する力のバランスの式

長手方向応力、周方向応力と内圧との間の、力のバランス式を導きます。

①長手方向応力のバランスの式

図1-3-9（a）に示すように、内圧により管を引きちぎるように分断しようとする力Fは、管軸方向に直角の断面である管内断面積Aに内圧Pを掛けた力AP、そして、この力に対抗するのは、内断面積Aを取り囲む、リング状の壁厚さ部分の面積Bに、そこに生じる応力Sを掛けたBSです。そこで、

$$F = AP = BS \qquad (式1.3.6)$$

が成り立ちます。図1-3-9（a）より、$A = (\pi/4)d^2P$、tがdに対し無視できるほど小さい場合、Bは、$B = \pi \cdot d \cdot t$となります。（式1.3.6）より、

$$AP = \frac{\pi}{4}d^2P = \pi \cdot d \cdot t \cdot S = BS \qquad したがって、$$

$$t = dP/4S \qquad (式1.3.7)$$

②周方向応力のバランスの式

　図1-3-9（b）に示すように、内圧により円を真っ二つに分断しようとする力Fは、ちくわを縦に切りさいたときに見える、単位長さ分の内径の面積Aに内圧Pを掛けたAP、そして、この力に対抗するのは、面積Aの上下にある矩形状の壁面積Bに、そこに生じる応力Sを掛けたBSです。ここにおいて力のバランスの式、$AP = BS$をA、Bを使わずにt、dを使って表せば、$Pd = 2tS$となります。したがって、厚さtを決める式は、

$$t = Pd/2S \qquad (式1.3.8)$$

となります。すなわち、円周方向応力は長手方向応力の2倍となります。このことは、周方向応力が、管耐圧強度に必要な管厚さを決めるということです。

| 図 1-3-7 | 圧力で発生する力と応力 | 図 1-3-8 | 3 つの様式の応力 |

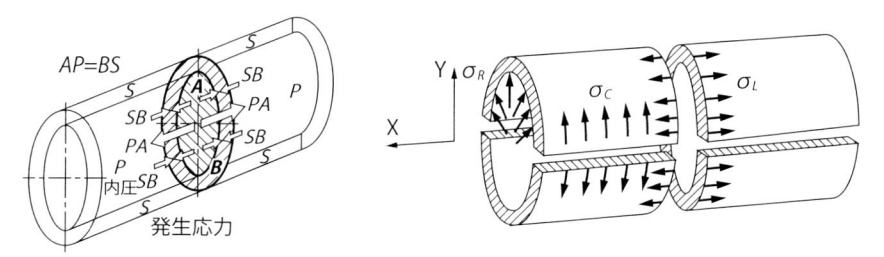

| 図 1-3-9 | 圧力により管に生じる 2 つの応力 |

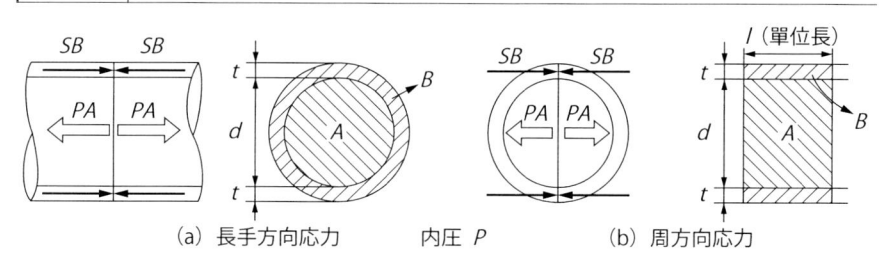

(a) 長手方向応力　　内圧 P　　(b) 周方向応力

1. 3. 4
内圧に対する直管の強度計算式

❶応力と力のバランスより必要厚さの式

1.3.3項において、直管の耐圧強度に必要な厚さの式は、$t = Pd/2S$ （式 1.3.8） でした。

ただ、この式は、応力Sが壁の厚さにそって一定であるという前提に立った式です。実際の応力は図1-3-2（a）のように、内面で高く、外面で低くなります。したがって（式1.3.8）のSを許容引張応力として求めた厚さの管は、壁の内面では許容応力を超えていることになり、危険側にあると言えます。これを是正する方法として、内圧を受ける径を大きくして仮想的に、①外径D（$= d + 2t$）にするケースと、②平均直径D_m（$= d + t$）にするケースとがあります。

①と②のケースを図1-3-9のA、Bと、上記D、D_mを使って表します。

①は、$(A + B)P = BS$で表され、

$$t = PD/2S \tag{式1.3.8}$$

となります。この式はバーローの式と呼ばれ、安全側の式となります。

②は、$\left(A + \dfrac{1}{2}B \right)P = BS$で表され、

$$t = PD_m/2S \tag{式1.3.9}$$

となります。（式1.3.9）は実際の応力に近い状態を表している式になります。

（式1.3.9）に$D_m = D - t$を代入し、厚さを求める式にすると次式になります。

$$t = \frac{PD}{2S + P} \tag{式1.3.10}$$

❷規格における直管必要厚さt_rを求める式

規格、基準、codeで実際に使われている、直管の必要厚さt_rを求める式は次のように、外径基準の式と内径基準の式とがあります。

外径を使って計算する代表的な**外径基準の式**は、（式1.3.11）です。

$$t_r = \frac{PD}{2(SE + kP)} + A \tag{式1.3.11}$$

ここに、Pは設計圧力、Dは外径（公差は考えない外径基準値）、Sは材料の**許容引張応力**、Eは**長手継手の溶接効率**（継手全線にわたり放射線透過試験を

実施し、合格すれば1.0）、kは温度によって決まる係数で0.4〜0.7（表2-2-2の①参照）、Aは「**付加厚さ**」とか「**付け代**」と呼ばれるもので、使用寿命中に見込まれる腐食代、ねじや溝などの加工代（必要な場合のみ）を加えたものです。（式1.3.11）は、平均直径を使った（式1.3.10）に非常によく似ています。

　内径dを使って計算する代表的な**内径基準の式**には、規格によって異なる次の2つの式があります。

$$t_r = \frac{Pd + 2SEA + 2kPA}{2(SE + Pk - P)} \qquad\qquad （式1.3.12）$$

$$t_r = \frac{Pd}{2(SE - (1-k)P)} + A \qquad\qquad （式1.3.13）$$

　（式1.3.12）は、（式1.3.11）のDを$d+2t_r$に置き換え、Aを残したまま$d=$の式に書き換えたものです。（式1.3.12）は、（式1.3.11）のDを$d+2t_r$に置き換え、Aを外してから$d=$の式に書き換え、その後Aを復旧したものです。

　前者の式はASME B31.1の式、後者の式はJIS B 8201の式です。

　$D = d + 2t_r$の場合のみ、（式1.3.11）と（式1.3.12）のt_rは等しくなり、

　$D = d + 2(t_r + a)$（ここのaは余裕代）、の場合は、後者の式によるt_rの方が薄くなります。

　また、（式1.3.11）と（式1.3.13）の結果は、$D = d + 2t_r$でかつAが0の場合のみ両者が等しくなり、それ以外の場合は、後者の式によるt_rの方が薄くなります。規格、基準により、計算式が若干異なりますので、それぞれの規格、基準をご参照ください（2.2.1項の表2-2-2参照）。

　設計温度がクリープ温度域で、長手継手のある管は、ASME code、JPI基準、JEAC規定、JSME規格においては、（式1.3.11）、（式1.3.12）にWという係数が入ってきます。すなわち、ASME B31.1の場合、外径基準の式は、

$$t_r = \frac{PD}{2(SWE + kP)} + A \qquad\qquad （式1.3.14）$$

内径基準の式は、

$$t_r = \frac{Pd + 2SEWA + 2kPA}{2(SEW + Pk - P)} \qquad\qquad （式1.3.15）$$

　ここに、Wは長手継手部の**溶接部強度低減係数**で、クリープ域温度において溶接部の強度が母材部分より強度が低くなるのを考慮したものです。詳しくはASME B31.1、B31.3、JPI7S-77、JSME規格、などを参照願います。

穴のある管の耐圧強度

❶穴のある管は穴の補強計算が必要な理由

　分岐管において、管に開いた穴の部分は、内圧に対抗する壁がないため、**図1-3-10**②のように穴周辺の壁応力が穴周辺以外の応力より高くなります。それは、同図①のように穴の開いた板を引張ったとき、穴周辺の応力が高くなるのと同じ理屈です。したがって、穴のない管として、許容応力で設計した管に穴を設けると、穴周辺で許容応力を超えてしまいます。そこで、穴周辺で許容応力を超えないようにするため穴の補強計算が必要となります。

❷圧力と応力のバランス式で評価する

　穴の補強計算を1.3.3項で述べた圧力と応力のバランス式$AP=BS$で解く場合、**図1-3-11**のように、「圧力側面積」Aと「応力側面積」Bに分けられます。

　$AP=BS$で計算すると、1.3.4項の❶で述べたように、危険側になるので、平均径の式、$(A+0.5B)P=BS$を採用し、$(A+0.5B)P \leq BS$の式に、**図1-3-11**に示すA、Bの面積値を入れ（補強有効範囲は**図1-3-12**を参照）、Sに材料の許容応力を入れて、この式が満足すれば、耐圧強度はあると言えます。

　このAとBの面積を使って行う方法は、発電用原子力設備規格や英国のBS規格における弁・管継手類の耐圧強度計算に使われています。

❸規格、基準、codeの評価の方法

　JIS B 8201、JPI7S-77、ASME codeなどでは、❷で述べた方法によらず、壁に穴があることで失われた、耐圧上必要である強度を、穴の補強に有効な範囲内にある主管、管台、補強板（ある場合）の必要厚さを超えた余裕厚さが持つ強度で充当する設計方法をとっています。

　すなわち、有効範囲内の主管（母管）と管台の余裕面積（A_1、A_2）に、有効範囲内にある補強板（A_3）と2つの隅肉溶接部（A_{31}、A_{32}）を加えた補強有効面積が、本来、穴部に強度上必要であった面積A_rより大きくなるようにします。このとき、管台、補強板の許容応力が主管の許容応力より低い場合は、補強有効面積に**面積低減係数**を掛けて見かけの有効面積より小さくします。

①補強が必要な面積A_r（①、②の各記号は図1-3-12参照）

$$A_r = Ft_r \cdot d$$

（式1.3.16）

　ここに、Fは穴断面が主管の長手軸となす角度により決まる係数で、通常は角度を0にとったときの1を使います。

②補強に有効な面積A

$$A = \sum A_i = A_1 + A_2 + A_3 + A_{31} + A_{32} \qquad (式1.3.17)$$

ここに、$A_1 = (2L_1 - d) \times (Et - Ft_r) \qquad (式1.3.18)$

$$A_2 = 2L_2 \times (t_n - t_{nr}) f_1 \qquad (式1.3.19)$$

$$A_3 = (D_P - d_o) \times t_p \times f_3 \qquad (式1.3.20)$$

$$A_{31} = (溶接脚長)^2 \times f_2 \qquad (式1.3.21)$$

$$A_{32} = (溶接脚長)^2 \times f_3 \qquad (式1.3.22)$$

　L_1、L_2は補強有効範囲で図1-3-12の囲み参照、f_1、f_2、f_3は④を参照。

③$A \geq A_r$であれば、穴の補強は満足する。

④f_1、f_2、f_3は、管台、管台と補強板を接続する溶接部、補強板の各許容応力が主管の許容応力より低い場合に、補強有効面積にかける面積低減係数。各部材の許容応力の記号を、主管：σ_m　管台：σ_n　補強板：σ_pとすると、管台の低減係数：$f_1 = \sigma_n / \sigma_m$、管台と補強板を接続する溶接部の低減係数：$f_2 = \min (f_1, f_2)$、補強板の低減係数$f_3 = \sigma_p / \sigma_m$となります。

　具体的な計算方法は3.1.4項参照。

図 1-3-10 管に開いた穴周辺の応力

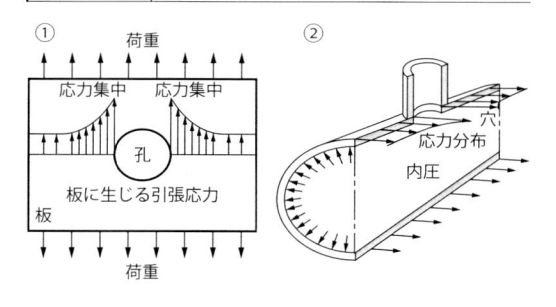

図 1-3-11 圧力と応力のバランスによる評価

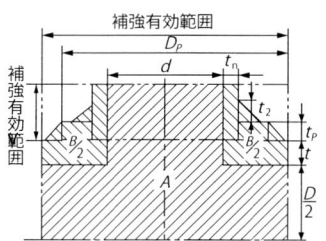

図 1-3-12 管の穴の補強計算と補強有効範囲

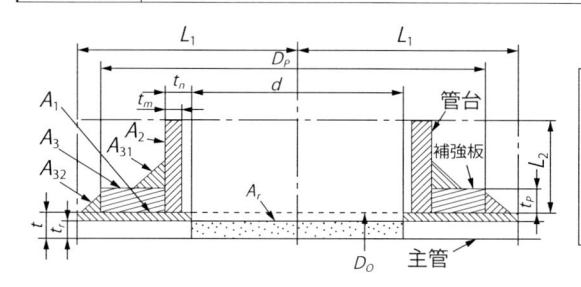

補強有効範囲：穴の補強に効果のある範囲の境界線。
主管軸方向：
$L_1 = \max (d, t + t_n + d/2)$
枝管軸方向：
$L_2 = \min (2.5t, t_p + 2.5t_n)$

1.3.6
外圧に対する強度

❶配管は内圧よりも外圧に弱い

　配管や容器は、一般に内圧に対しては、降伏応力まで耐えられるが、外圧に対しては座屈という壊れ方で、降伏点以下でも圧壊します（図1-3-13）。

　配管、容器の外圧に対する強度は、座屈を起こさない限界圧力、すなわち座屈限界圧力を求め、限界圧力が外圧と内圧の差以上になるような設計をします。座屈限界圧力は円筒部の長さ（あるいは胴の変形を防止するリブ間距離）、外径、厚さ、ヤング率などの関数です。円筒部の長さがある値より短くなると、短さに応じて限界圧力は高くなります。

　座屈限界圧力は、ASME Boiler & Unfired Pressure Vessel Code Sec Ⅷ Division 1、またはJIS B 8265「圧力容器の構造――一般事項の付属書E」により座屈限界圧力を求めます。ここでは、JIS B 8265による方法を❸で説明しますが、それに先立ち、十分長さの長い管の座屈限界圧力を簡易的に求める方法を、❷において参考用に示します。

❷座屈限界圧力の簡易計算

　温度150℃以下の鋼管（ヤング率200×10^3 MPa）で、円筒部の長さLと外径Dの比が、$L/D > 50$の薄肉管の場合の座屈限界圧力（外圧と内圧の差になります）は、次の（式1.3.23）で簡易的にその近似値を計算できます。そして、$L/D < 50$のときの限界圧力は、この式で計算された限界圧力P_a以上となります（Lは円筒部の長さ、または補強リブ間距離）。

$$P_a = \frac{2E}{3(1-v^2)}\left(\frac{t}{D}\right)^3 \text{ MPa} \qquad\qquad (式1.3.23)$$

　ここに、E：ヤング率〔MPa〕、v：ポアソン比、t：厚さ〔m〕、D：外径〔m〕

　この式はBresse-Bryanの理論式（文献❷）と言い、安全係数3をとっています。

　この式に、鉄系の物性値、$E = 200 \times 10^3$ MPa、$v = 0.293$を代入すると、

$$P_a = 1.51 \times 10^6 \left(\frac{t}{D}\right)^3 \text{ MPa} \qquad\qquad (式1.3.24)$$

となります。

❸ JIS B 8265（または B 8267）の方法による座屈限界圧力の求め方

JIS B 8265付属書Eの方法は、次の（式1.3.26）で計算されます。

座屈限界圧力を求める手順は、おおよそ次のとおりです。

①容器（管）の長さLを決定し、L/D、D/tを計算します。

②D/tとL/Dの値を使い、上記JISの図E.9のチャートより、Aの値を読み取ります。

③$D/t \geq 10$の場合、図E.10の多数のチャートの中から、使用材料に該当するチャートを選び、Aを使ってBを読みます。Bが小さすぎて、図E.10の該当チャートの下限をはみ出した場合は、次の（式1.3.25）でBを計算します。

$$B = 0.5EA \qquad\qquad (式1.3.25)$$

④Bを使い、（式1.3.26）より、最高許容外圧を求めます。

$$P_a = \frac{4B \cdot t}{3D}\ \mathrm{MPa} \qquad\qquad (式1.3.26)$$

さて、図E.9において、L/Dが小さくなるにつれ、Aは大きくなりますが、$L/D > 50$になると、Aは一定値（最大値）となり、このときのAは、

$$A = 1.1\left(\frac{t}{D}\right)^2 \qquad\qquad (式1.3.27)$$

で計算できます（式1.3.27は文献❷によります）。

（式1.3.25）を（式1.3.27）に代入、Eは$200 \times 10^3\,\mathrm{MPa}$とし、その$B$を（式1.3.26）に代入すると、（式1.3.28）となり、この式でもP_aを求めることができます。

$$P_a = 1.62 \times 10^6 \left(\frac{t}{D}\right)^3\ \mathrm{MPa} \qquad\qquad (式1.3.28)$$

（式1.3.28）は（式1.3.24）とよく似ています。

3.1.5項に例題を掲げます。

図 1-3-13　管の外圧による一次座屈モード

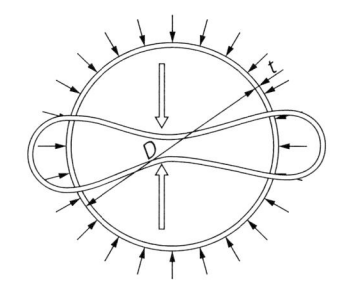

一次の座屈モード

臨界圧力：

$$P_a \propto E\left(\frac{t}{D}\right)^3$$

1. 4. 1
熱膨張と相対変位の評価（1）

　両端固定の配管は、温度が上昇し膨張すると、たわむことにより管の伸びを逃がしますが、管に曲げ応力が生じます。この応力は変位応力（1.2.1項参照）ですが、運転・停止を繰り返すたびに発生し、金属疲労（1.2.3項参照）を蓄積していきます。本項ではこの熱膨張応力の評価について説明します。

　図1-4-1は、プラントの運転温度の代表的なサイクルを示し、配管が建設後初めて起動した後、運転−停止を繰り返す間の、配管に生じる応力とひずみを応力−ひずみ線図上に軌跡として示したのが、**図1-4-2**です。同図の（a）、（b）、（c）は応力のレベルで3つのパターンに分けたものです。

　図1-4-2の記号は、S_{yh}：高温時の降伏点、E_h：同ヤング率、S_{yc}：低温時の降伏点、E_c：同ヤング率、です。

　配管の熱膨張による破損は振動と同じように疲労によるものなので、応力の評価は運転−停止サイクルにおける応力の絶対値の大きさではなく、振動と同じように最大値と最小値の応力の差（これを**応力範囲**という）で行います。

　さて、以下に出てくるS_Eは「**計算熱膨張応力範囲**」と称し、運転中の最大温度差に相当する伸縮量に対し、低温のヤング率を使って計算された配管に生じる応力で、降伏点を超えるS_Eは弾性等価応力です（1.2.1項参照）。

　図1-4-2を説明します（記号の説明は図中にあります）。

①：$S_E \leqq S_{hy}$のとき、図1-4-2の①のように、配管の応力は停止、運転中のいずれの場合も弾性域にあります。

②：$S_{hy} < S_E \leqq S_{hy} + S_{yc}$の場合は、図1-4-2の②のように、熱膨張により$S_E$が降伏点を超えて塑性変形し、運転温度で応力、ひずみはB点に達するとします。停止過程で配管温度が低温になると、伸びた熱膨張量がそっくり収縮するので、応力0のC点を通過し、ひずみ0のD点に達します。このときの応力は運転時と逆符号の応力、運転時が引張りであれば、低温時は圧縮応力になります。図において、$S_E = S_E'$になっていることに注目願います。第2サイクルはD点から起動し、運転温度でB点に達し、停止過程で低温になるとD点に戻ります。すなわち、第2サイクルでは塑性変形はどこにも起きていません。第3サイクル以降も塑性変形は起きません。このケースの場合、最

初のサイクルの1回だけ塑性変形が起きるだけなので、以後継続する運転に支障なく、許容されます。

③：$S_{yh} + S_{yc} < S_E$の場合は、図1-4-2（c）のように運転温度でB点に達し、停止過程でD点を経て低温でE点に達します。第2サイクルでは、Eから出発し、E→F→B→D→Eで運転されます。このサイクルのF→BとD→Eにおいて、塑性変形します。③はサイクルごとに塑性変形を起こし、塑性変形が蓄積されて、やがて破壊されます。したがって、③の運転条件は熱膨張応力として認められません。サイクル中に塑性変形を繰り返さない理論的な条件は、$S_E \leqq S_{yh} + S_{yc}$となります。この式に安全係数を考え、2.2.2項に示す**「熱膨張許容応力範囲」**が制定されました。

図 1-4-1 配管装置の運転サイクル

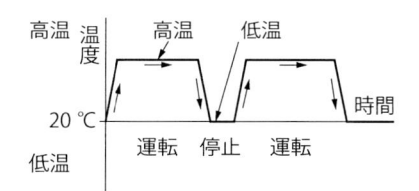

〔注〕「高温」は多くの場合、運転温度を意味し、「低温」は多くの場合、配管が据付けられた常温を指しますが、常温以下で運転される場合は最低運転温度を意味します。

図 1-4-2 許される弾性等価応力の限界

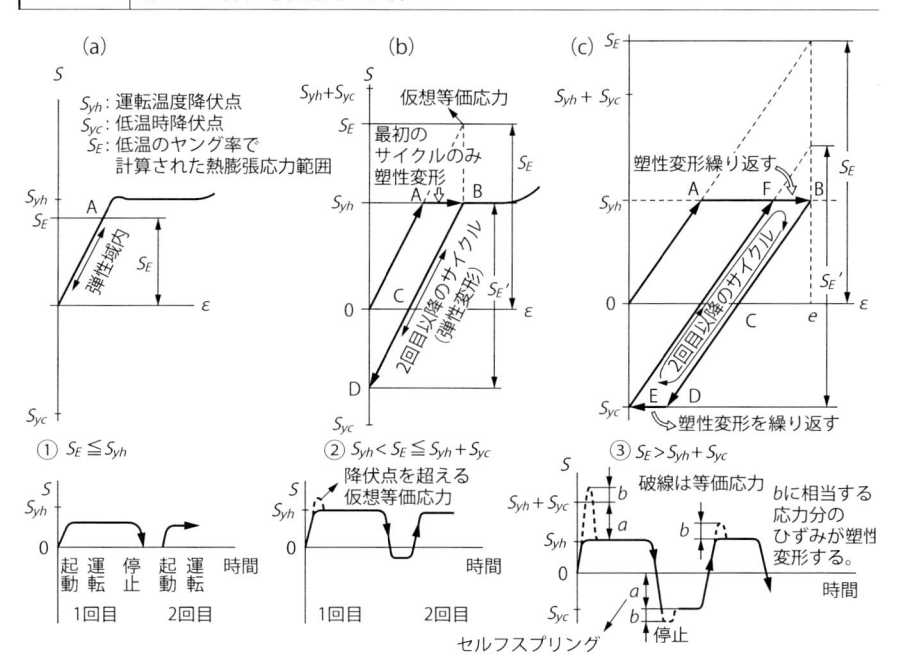

1. 4. 2
熱膨張と相対変位の評価 (2)

❶配管反力とコールドスプリング

　端部を固定された状態で熱膨張する配管は応力が発生すると同時に、固定端に配管からの力とモーメントが作用します。固定端がそれらをはね返す力が**配管反力**です。配管反力が機器ノズルの許容荷重を超えるとき、配管反力を減らす方法として、配管ループなど、管をたわみやすくする方法と、**コールドスプリング**（以下、C.S.と略称）という方法（**図1-4-3**下段の図）があります。

　C.S.は配管の熱膨張量の一部、または全部をX、Y、Z各方向ともに、配管の設計寸法より短くカットして製作し（図1-4-3の（b1））、短い分、管を引張って据え付けることで（同図（b2））、運転時の反力を減らすものです（同図b3））。

　この方法はその配管の最後に接合する面（開先同士、またはフランジ面同士）の芯を合わせ、かつ平行にすることに高度な据付技術（平行度を出すには、管に曲げモーメントを与える必要がある）を必要とします。そのため、基準（ASME code）では、運転時反力はC.S.の2/3を信用する、としています。

　配管反力の計算式は2.2.2項の（式2.2.13）、（式2.2.14）を参照願います。これらの式における反力Rは低温時のヤング率で計算され全膨張時の反力Rであるため、運転時反力を求める（式2.2.13）はRにE_h/E_cを掛けて修正してい

図 1-4-3	コールドスプリングをとる配管図	図 1-4-4	相対変位による応力

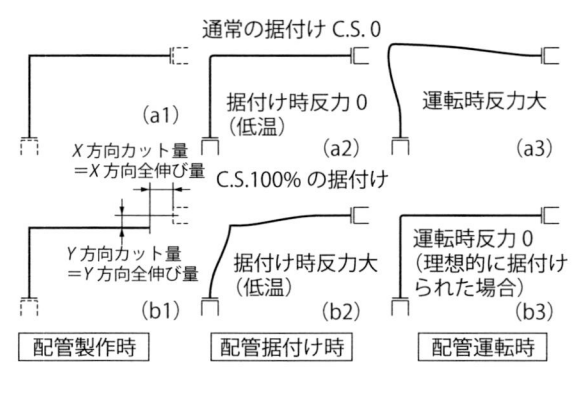

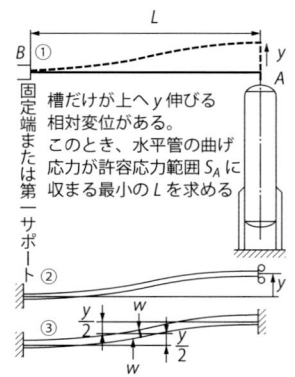

ます。（式2.2.14）の「または」の次の式、$R_c = [1 - (S_h/S_E)(E_c/E_h)] \cdot R$ は高温時に応力緩和した場合の低温時反力で、この式での S_h は高温許容応力とほぼ同等値を示す「応力緩和限界」（応力緩和により下げ止まる応力）で、さらに E_c/E_h を掛けているのは S_h を低温時の応力に換算するためです。

2.2.2項、表2-2-5の式中の C はC.S.係数と呼ばれるもので、全伸び量をカットしたC.S.100％を $C = 1.0$ で表し、全伸び量の50％をカットしたC.S.は $C = 0.5$ となります。C.S.をとっても応力範囲は、引張応力の減った分、圧縮応力が生じ、応力範囲は相変わらず S_E に等しいので、C.S.による効果はありません。

❷相対変位に対する評価

相対変位とは、配管の離れた2箇所の固定端に生じる相対的に異なる変位をいい、相対変位が大きすぎると、配管に発生する曲げ応力が許容応力を超えます。相対変位は**図1-4-4**に示す機器の熱膨張や、機器地盤の不等沈下、地震による機器、建屋など、位置の相違により生じる揺れの位相差などによります。

同図に示すように、相対変位方向と直交する方向にある配管は、変位発生点Aと配管固定端、または第1サポート点であるB間の距離 L が相対変位量 y に対し、短かすぎると配管に発生する変位応力が過大になるので、L には**最小許容長さ**が存在します。この長さを知るには L、y と発生応力 S の関係式が必要です。

図1-4-4①の水平配管の挙動は、同図②のような一端が固定、他端が壁に垂直な姿勢を維持して、垂直方向に y だけ移動する梁に近似的に置き換えられます。このような梁を、「**ダブルカンチレバー**」その名のとおり、同図③にみるような、対向する2つの片持ち梁の各自由端に反対方向の同じ荷重を掛け、各たわみが $y/2$ になるようにした2本の片持ち梁の自由端同士を接続したものと等価になります（「ダブルカンチレバー」の中央部の曲げモーメントは0です）。

図1-4-4③の、長さ $L/2$、変位 $y/2$、最大曲げモーメント M_o、荷重 W、応力 S の片持ち梁には、次の両式が成立します。

$$M_o = W \cdot L/2 \qquad\qquad (式1.4.1)$$

また、$S = M_o / \{I/(D/2)\}$ （式1.4.2）

両式より、M_o を消去し、

$$W = 4S \cdot I/(L \cdot D) \qquad\qquad (式1.4.3)$$

および表2-2-9の片持ち梁の式、$y_m = WL^3/(3EI)$ を上記③の記号を使えば、

$$\frac{y}{2} = \frac{(4S \cdot I/L \cdot D)(L/2)^3}{3E \cdot I} \qquad\qquad (式1.4.4)$$

（式1.4.4）より、L を求め、最小許容長さ L_A、許容応力範囲 S_A とすれば、

$$L_A = \sqrt{3E \cdot D \cdot y/S_A} \qquad\qquad (式1.4.5)$$

を得ます。

配管支持はバランスを考える

❶配管サポートはバランスが大事

　図1-4-5の（a）と（b）は、配管両端を機器に接続したL形の配管（平面図）で、中ほどに集中荷重のバルブがあり、その近くにサポートを置く3点支持の配管ですが、（a）と（b）とではバルブ近くのサポート位置が若干異なります。サポート点は下向き荷重だけを支持できるという条件下で、サポート配置として、（a）、（b）のどちらが好ましいでしょうか。

　バルブは一般にかなり重い集中荷重なので、図の配管全体の**重心位置**◆は、バルブに近い位置にあります。そして配管の重心が図中3点のサポートが作る三角形の中に入ると配管支持は安定します。重心が、サポート位置が作る三角形の外にある（a）の場合は、サポートA、Bを結ぶ線分を軸にして重心が下方へ倒れ込む回転モーメントが生じ、Cには上向きの荷重がかかり、全体としてバランスの悪いサポート配置となります。（b）のサポート位置はサポート点を結ぶ三角形の中に重心位置があり、サポートA、B、Cいずれも下向き荷重で、**転倒モーメント**は発生せず、安定したサポート配置となります。その上で、重心附近にサポートがあれば、より安定したサポート配置となります。

❷配管を静定構造の曲がり梁に分割しサポート荷重を求める

　配管は、曲がり梁の構造とみなすことができます。梁構造には静定構造と不静定構造があります。**静定構造**は、支持点を取り去ると、不安定になり倒壊の可能性がある構造、**不静定構造**は支持点を1つ取り去っても安定している構造です。静定構造は、釣合いの条件式だけで支持荷重を求めることができます。

　支持点はピン支持で垂直方向の荷重のみを拘束し、曲げモーメントは拘束しないとすると、一次元の配管、すなわち「直管」はサポート2箇所で静定、二次元配管はサポート箇所3箇所で静定します。三次元配管は垂直方向の配管荷重を水平配管にかかる集中荷重とみなし、二次元化します。

　一次元配管は、垂直方向の荷重の釣合いの式とモーメントの釣合いの式で、2つのサポートの荷重を求められます。二次元配管、三次元配管は垂直方向の荷重の釣合いの式とX軸、Z軸、2つの軸まわりのモーメントの釣合いの式で、3つのサポートの荷重を求めることができます。

❸サポート荷重を求める計算式

図1-4-6に示す、3点支持の典型的な静定構造曲がり梁に分割した、配管のサポート荷重を求めます。配管の各構成部材の重量 W_i、全重量を W とすると、

$$W = \sum_{i=1}^{n} W_i \qquad (式1.4.6)$$

また、管重量の X 軸、Z 軸まわりのモーメントは図1-4-6の（式1.4.7＆8）で表されます。ただし、配管各要素の重心位置の X 方向距離を a_i、Z 方向を b_i で示します。

ハンガ荷重を R_i とすれば、配管重量とハンガ荷重は「力」と「反力」の関係にあります。式で表すと、垂直方向の釣合い式は図1-4-6の（式1.4.9）、モーメントの釣合いの式は（式1.4.10）、（式1.4.11）が成り立ちます。（式1.4.10＆11）の連立方程式で R_2、R_3 を求め、次に（式1.4.9）より R_1 を求めます。すなわち、

$$R_2 = \frac{y_3 M_Y - x_3 M_x}{x_2 y_3 - x_3 y_2} \qquad R_3 = \frac{x_2 M_x - y_2 M_y}{x_2 y_3 - x_3 y_2} \qquad R_1 = W - (R_2 + R_3) \qquad (式1.4.12)$$

（式1.4.12）の各式に（式1.4.6～式1.4.8）で求めた W、M_X、M_Y を入れると、各サポート荷重が求められます。

図1-4-5 配管サポート位置の優劣

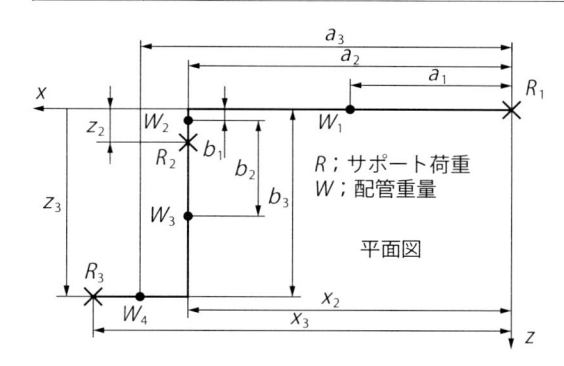

平面図 (a)　　(b)

図1-4-6 静定構造曲がり梁のサポート荷重を求める

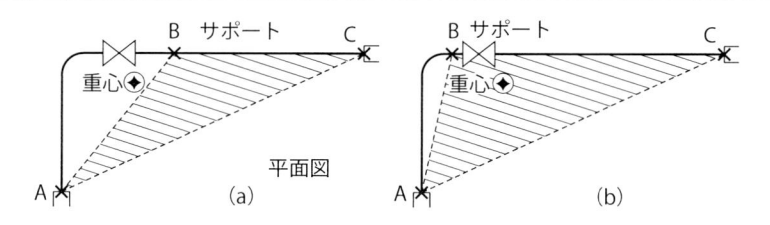

$$M_X = \sum_{i=1}^{n} W_i b_i \qquad (式1.4.7)$$

$$M_Y = \sum_{i=1}^{n} W_i a_i \qquad (式1.4.8)$$

R；サポート荷重
W；配管重量

平面図

$$R_1 + R_2 + R_3 = W \qquad (式1.4.9)$$
$$R_2 z_2 + R_3 z_3 = M_x \qquad (式1.4.10)$$
$$R_2 x_2 + R_3 x_3 = M_z \qquad (式1.4.11)$$

1. 4. 4
断面二次モーメントを実感する

　両端固定、または両端ピン支持の梁に分布荷重や集中荷重が作用すると、梁に曲げ応力を主体とする応力が生じます（**図1-4-7**（a））。また、両端が固定された、熱膨張する配管（重さは無視する）は、垂直管を含めた連続梁とみなすことができ、曲げ応力を主体とする応力が生じます（図1-4-7（b））

　梁に生じる曲げモーメントについて説明します。配管、または梁に負荷荷重や変位荷重がかかるとき生じる曲げ応力は、曲げモーメントにより発生しますが、曲げ応力の実態は、曲げモーメントにより**中立軸**（曲げモーメントが作用している断面上において、引張応力も圧縮応力も0となる軸）より曲げの曲率中心に近い側の断面に圧縮応力、遠い側に引張応力が発生します。断面形状が中立軸に対し対称であれば、中立軸より等距離にある引張応力と圧縮応力の絶対値は等しくなります。その場合、引張許容応力は圧縮許容応力より小さいので、最大の引張応力箇所から破壊が始まります。

　曲げモーメントから生じる曲げ応力を求める際に、必ず出てくるのが**断面二次モーメント**であり、最大の曲げ応力を求めるときに出てくるのが、**断面係数**です。そもそも、「断面二次モーメント」とは何なのでしょうか。それを実感で捉えることが大切です。

　話を単純化するため、**図1-4-8**のように、中立軸に対し対称的な断面の、真直ぐな梁を考え、この梁の両端に曲げモーメントを加え、中立面が曲げ半径ρの弧になったとします。すなわち中立面は曲げの中心から距離ρの位置にあります。中立面から距離yにある面のひずみε_yを計算します（図1-4-8参照）。

　〔注〕中立軸、中立面については、図1-4-8の左上図を参照。

$$\varepsilon_y = \frac{(\rho + y)\,d\theta - \rho d\theta}{\rho d\theta} = \frac{y}{\rho} \qquad\qquad (式1.4.13)$$

中立面から距離yにある面の応力σ_yは、σ_yを定義する式と（式1.4.13）より、

$$\sigma_y = E\varepsilon_y = E\frac{y}{\rho} \qquad\qquad (式1.4.14)$$

断面の微小面積dAに働く力 $= \sigma_y \cdot dA$

この力の中立軸回りの曲げモーメントはこの力に距離yを掛けます。

中立軸回りの曲げモーメント $= (\sigma_y \cdot dA)y = (\sigma_y \cdot ydA)$

この曲げモーメントを断面の全面積にわたり積分して、断面全体の曲げモーメント M を計算します。

$$M = \int_A (\sigma_y \cdot y)\, dA = \int_A E\frac{y^2}{\rho}\, dA = E\int_A \frac{y^2}{\rho}\, dA = E\frac{I}{\rho} \qquad (式1.4.15)$$

ここに、$I = \int_A y^2 dA$ $\qquad\qquad$ (式1.4.16)

I を断面二次モーメントといいます。E はヤング率（縦弾性係数）です。

（式1.4.16）から「断面二次モーメント」の二次とは、梁断面の中立面からの距離の2乗（曲げ応力が距離 y に比例し、さらに曲げモーメントが曲げアームの長さ y に比例するので、結局2乗に比例）を意味していることがわかります。

（式1.4.15）から EI が大きいと M が大きい、すなわち、曲げにくい、ことがわかります。EI は曲げにくさを代表するものなので、「**曲げ剛性**」といいます。また（式1.4.15）は大きい弧 ρ で曲げる場合、M は小さくてすむ、ことを示しています。（式1.4.14 & 15）より、

$$\sigma_y = \left(\frac{M \cdot y}{I}\right) = \left\{\frac{M}{(I/y)}\right\} = \frac{M}{Z} \qquad (式1.4.17)$$

ここに、$Z = I/y$ を断面上の最大値にとるとき、Z を断面係数といい、このとき、σ_y はこの断面の最大応力となります。

| 図1-4-7 | 梁、配管に生じる曲げ応力図 |

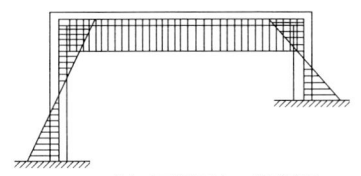

（a）単純支持梁・等分布荷重

（b）両端固定・熱膨張

| 図1-4-8 | 断面二次モーメント |

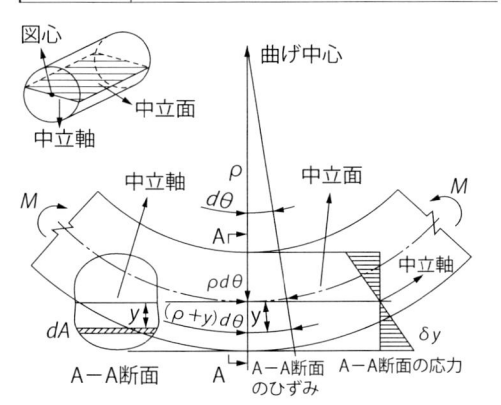

断面二次モーメントを求める

　ここでは2.2.3項の表2-2-7、表2-2-8に出ていない断面形状の断面二次モーメントを1.4.4項を応用して求める方法を示します。

❶中立軸の求め方

　断面二次モーメントを求めるには、その断面における**中立軸**の位置を求める必要があります。断面が対称形をしていれば、その中心軸が中立軸になりますが、そうでない場合は、その断面の一次モーメントが0になる軸が中立軸となります。「中立軸（図心）とは何か」と、「任意に決めた基準軸から中立軸までの距離 y の求め方」を**図1-4-9**に示します。

　中立軸まわりの**断面一次モーメント**は（式 *1.4.18*）が成立します。

$$\sum_i A_i y_i = 0 \qquad\qquad\qquad\qquad (\text{式}\,1.4.18)$$

また、基準軸から中立軸までの距離 y を求める式は（式 *1.4.19*）となります。

$$y = \frac{\displaystyle\sum_i A_i y_i}{\displaystyle\sum_i A_i} \qquad\qquad\qquad\qquad (\text{式}\,1.4.19)$$

　中立軸は全断面積の一次のモーメントが釣合う軸であると同時に、その軸まわりの断面二次モーメントがその断面の最小断面二次モーメントになります。それは断面二次モーメントの（式 *1.4.16*）を y で微分すると、一次モーメントの式となり、それが0になるところが、断面二次モーメントの極値、すなわち極小になる位置であるからです。

図1-4-9 中立軸 y の求め方

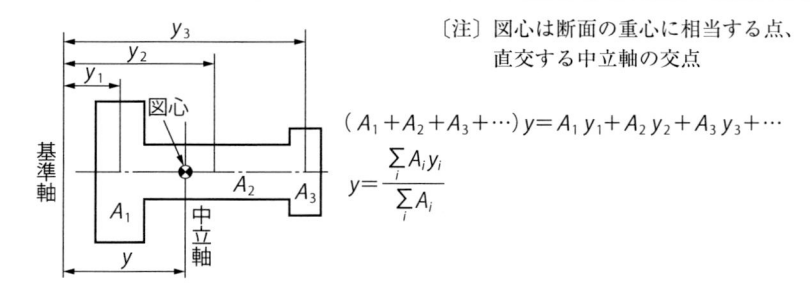

〔注〕図心は断面の重心に相当する点、
直交する中立軸の交点

$$(A_1 + A_2 + A_3 + \cdots)y = A_1 y_1 + A_2 y_2 + A_3 y_3 + \cdots$$

$$y = \frac{\displaystyle\sum_i A_i y_i}{\displaystyle\sum_i A_i}$$

❷すみ肉溶接部の断面二次モーメントの求め方

板材、および組み合わせた形鋼をすみ肉溶接で構造部材に取り付けたブラケットを例に、すみ肉溶接部の断面二次モーメントを求める要領を説明します。

〔例1〕図1-4-10は垂直荷重による曲げモーメントを受ける幅Lの板Ⓐを両側すみ肉溶接でⒷの板に取り付けた場合、溶接部の強度評価に必要な、すみ肉溶接部の断面二次モーメントを求めます。

すみ肉溶接の強度は、常にのど厚さ部の断面積ですべての荷重を受けるとして評価します。すなわち、のど厚をⒷの板に**転写**した面積、両側すみ肉溶接ですから、その2倍の面積、図1-4-10の右側の図のハッチングした面積の中立軸（上下方向の$L/2$の位置）まわりの断面二次モーメントを求めます。

〔例2〕図1-4-11に示すような、先端で垂直荷重を受けるブラケットの壁への取り付け溶接部の強度評価を行うには、主材である溝形鋼の溶接部と補強材であるL形鋼の溶接部を組み合わせた断面二次モーメントを求める必要があります。求める断面二次モーメントの断面図は、〔例1〕で述べたようにすみ肉溶接ののど厚さを壁に転写し、両側の溶接の転写面積を合わせた断面になります。この断面の中立軸を（式1.4.19）を使って求めます。

次に、求めた中立軸まわりの断面二次モーメントを下記（式1.4.20）で求めます。ここに、L_iは位置の確定した中立軸からの距離になります。

$$I = \sum_i A_i \cdot L_i^2 \qquad (式1.4.20)$$

図1-4-10 〔例1〕すみ肉溶接部の断面二次モーメント図	図1-4-11 〔例2〕ブラケット溶接部の断面二次モーメント

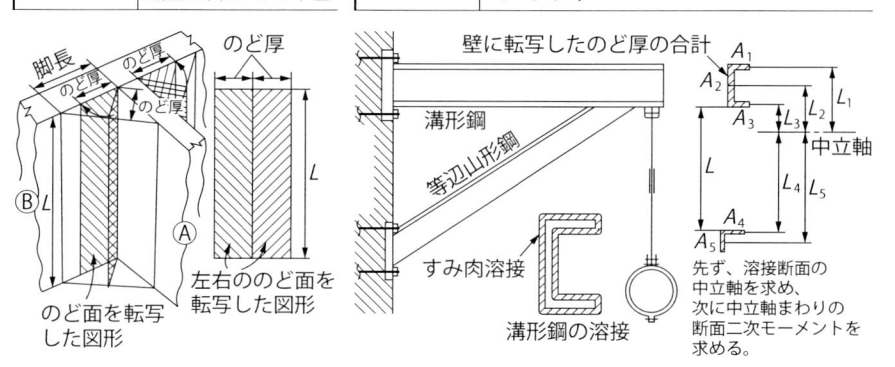

1. 4. 6
配管のたわみをイメージする

　配管熱膨張の拘束により生じる配管のたわみと配管反力、あるいは配管重量による配管のたわみ方をイメージするとき、配管は連続した折れ曲がった梁と見なすことができます。また、配管のエルボやTの曲がり部はほぼ剛体なので、構造的には建築設計でいうラーメン構造ということができます。

❶配管熱膨張時のたわみと曲げモーメントをイメージする

　両端固定の配管が熱膨張して生じるたわみと曲げモーメントを考えてみます。

　図1-4-12のような配管が熱膨張したとき、両固定端とエルボはヒンジではないので、固定端とエルボ部は直角度を保とうとして破線のような形状になります。変曲点を梁の中央部に持つたわみ方は、自由端部に反対方向の、同じ荷重を掛けた、同じ長さの2つの片持梁を自由端同士で突き合せたような形をしているので、**ダブルカンチレバー**と呼ばれ、配管熱膨張でよく見られるたわみ方です。**図1-4-13**は拘束された配管が熱膨張したとき、直管部の両端部に生じる典型的な各種変位により生じるたわみと曲げモーメントのパターンを示しています。梁の線上に垂直方向に曲げモーメントの大きさをとって、曲げモーメントの分布を示した**図1-4-13**（b）は、**曲げモーメント図**（Bending Moment Diagram）と呼び、BMDと略称され、梁の曲げモーメント分布を直感的に把

図1-4-12	配管熱膨張とダブルカンチレバー

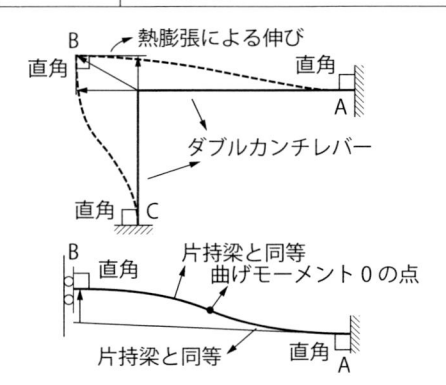

図1-4-13	配管熱膨張による直管部のたわみと曲げモーメント

（a）たわみ模式図　（b）曲げモーメント図

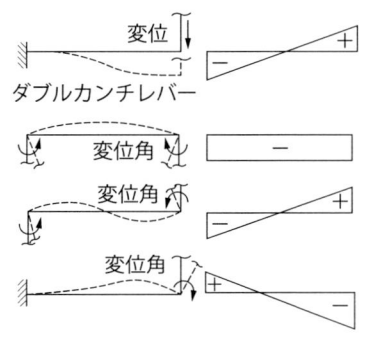

握するのによく使われます。これらのパターンを理解していると、実際の配管において、たわみや曲げモーメントの方向や大きさの程度を推量するのに役立ちます。

なお、BMDの描き方については、2.2.4項の❷を参照してください。

❷配管に集中荷重が負荷したときのたわみと曲げモーメントをイメージする

単純な梁と連続梁（これらはある条件付きで、配管と見なすことができます）にバルブなどの集中荷重がかかったときに梁に生じる曲げモーメントとたわみを考えます。図1-4-14（a）は、両端単純支持梁（ピン支持）と両端固定梁等に、そして同図（b）は両端固定の連続梁に、集中荷重が掛ったときの、たわみ、および曲げモーメントの大まかなイメージを示したものです。

これらのイメージは、固定端と曲がり（エルボ）部は剛であるから、これらの点では直角度が維持されること、そしてダブルカンチレバーがどこで生じるかなどを考えることにより、梁のたわみのイメージができてきます。梁のたわみのイメージ図（ポンチ絵）から、これらのたわみ方となるには、どこにどのような向きに曲げモーメントが働らいているかが見えてきます。

図1-4-14 単純な梁と連続梁に集中荷重を掛けたときの曲げモーメントとたわみのイメージ図

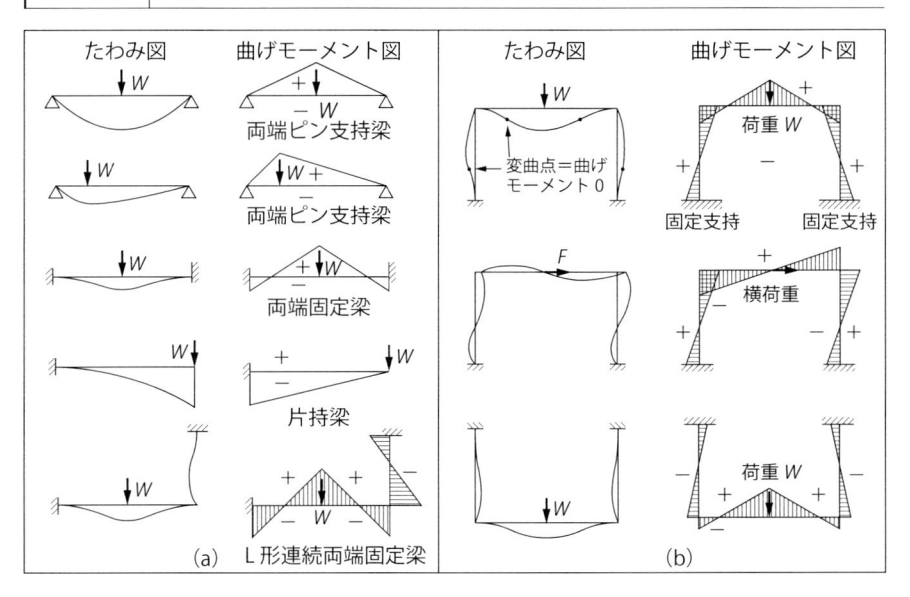

1. 4. 7
配管を載せた梁の強度を評価

●両端固定水平梁における端部の回転

　梁に配管を載せる典型的な形を**図1-4-15**に示します。(a)は梁を直接、建屋壁や柱の埋め込み金物に溶接する場合で、梁端部は回転をほぼ拘束されています。「ほぼ」といったのは、埋め込み金物の上側のアンカーボルトは若干伸びて、わずかながら梁端部の回転を許しているかもしれないので、完全拘束とは言い難いからです。(b)は、垂直梁の固定端を床の上からとり、垂直梁の他端同士の間に梁を渡し、その中央に集中荷重を課したものです。(c)は、垂直梁の固定端を床の下からとり、そのあとは図(b)と同じです。図1-4-15

図 1-4-15	配管を載せる梁図	図 1.4.16	支持方法と梁に生じるモーメント

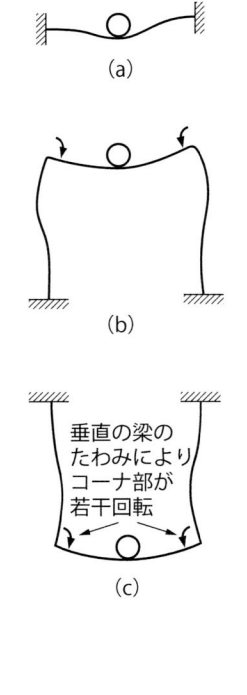

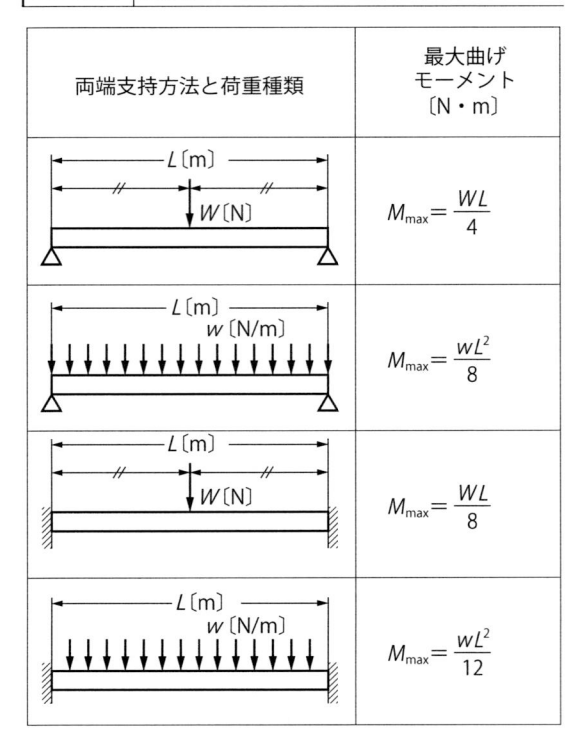

（a）（b）の場合、垂直梁が長いとその変形により、水平梁の両端部が曲げモーメントの方向に若干回転し、曲げモーメントが減じ、完全拘束とはならず、若干、ピン支持の傾向を持ってきます。

❷両端溶接梁の最大モーメントを設計上どう解くか

　両端がピン支持の梁、および両端が溶接などで完全固定された梁、おのおのに集中荷重（たとえば、バルブ）が梁中央に掛った場合と、梁全体に分布荷重（たとえば、管自重と内部流体）が掛った場合に生じる最大曲げモーメントの式を図1-4-16に示します。

　集中荷重の場合も、分布荷重の場合も、両端ピン支持の方が最大曲げモーメントが大きくなります。すなわち、図1-4-15（a）、（b）、（c）のような、荷重が作用する両端固定支持の梁の最大モーメントを両端完全固定の式で計算すると、実際の曲げモーメントより小さめの値が出ます。すなわち、危険サイドになる可能性があります。したがって、梁の強度計算を常に両端ピン支持で計算すれば、設計的に安全サイドになります。

　両端固定の梁の実際の強度計算においては、図1-4-16の両端ピン支持の式と両端固定の式の中間をとって、

　　集中荷重の場合、$M_{\max} = \dfrac{WL}{6}$　　　　　　　　　　　　　　（式1.4.21）

　　分布荷重の場合、$M_{\max} = \dfrac{wL^2}{10}$　　　　　　　　　　　　　（式1.4.22）

とする考えがあります。（式1.4.22）を使った例題が3.3.5項にあります。

知って得する知識

> ［管のサイズ、外径と厚さの呼び方］
> ・呼び径（呼称口径ともいう）：管サイズを呼ぶときに使う、外径（下記参照）を丸めた数値。
> ・外径：管外径の公差を外した数値（JIS または ASME の鋼管寸法表に記載の外径寸法）
> 〔注〕呼び外径とか公称外径とかいう用語は一般には使われない。
> ・厚さ：管の厚さの公差を外した数値（JIS または ASME の鋼管寸法表に記載の厚さ寸法）
> ・呼び厚さ：「厚さ」と同じ意味として使われることがある。
> 〔注〕管の厚さをいうとき、「肉厚」より「厚さ」の方が一般的である。

複合応力を評価する

　部材の断面に働く応力には、引張応力、圧縮応力のように断面の垂直方向に働く垂直応力（σで表す）と断面の接線方向へずれるように働くせん断応力（τで表す）の2種類があります。垂直応力は垂直方向の力と曲げモーメントにより発生し、せん断応力はせん断力とねじりモーメントにより発生します。垂直方向の力（軸力）だけでも、軸に対し傾斜をなす部材内面では、せん断応力が存在します（**図**1-4-17（b））。

　ここでは、異なる方向の垂直応力がある場合、あるいは垂直応力とせん断力とが同時に存在する場合の評価の仕方を説明します。

　直交するせん断応力は、力の合成と同じように「三平方の定理」（三角形斜辺の2乗は残り2辺のおのおのの2乗の和に等しい）を使って合成せん断応力とすることができます（**図**1-4-18参照）。しかし、性質の異なるσとτは加算も三平方の定理も使えず、幾つかの応力説の中の1つに従い、評価します。

　配管設計で使われるのは、最大せん断応力説とせん断ひずみエネルギー説です。慣習的に前者は配管（たとえば、ASME B31.1）に、また後者は構造物（たとえば、鋼構造設計基準：文献❶）に使われています。

　二次元面内の場合は、図1-4-17（b）に示すような、方向の異なる垂直応力とせん断応力が同時に働いているとき、「最大せん断応力が降伏点に達したとき破損する」というのが、**最大せん断応力説**です。せん断力が存在する任意の場の応力をS_x、S_y、τ_{xy}としたとき、主応力S_1、S_2は、次の式で計算できます。

$$S_1 = (S_x + S_y)/2 + \sqrt{\{(S_x - S_y)/2\}^2 + \tau_{xy}^2} \qquad (式1.4.23)$$
$$S_2 = (S_x + S_y)/2 - \sqrt{\{(S_x - S_y)/2\}^2 + \tau_{xy}^2} \qquad (式1.4.24)$$

このとき、主応力S_1、S_2と最大せん断応力τ_{max}の関係は次式となります。

$$\tau_{max} = (S_1 - S_2)/2 \qquad (式1.4.25)$$

　そして、$\tau_{max} \geq (1/2)$（材料の降伏点）、で破損するというのが、最大せん断応力説です。設計では安全係数をとり、$\tau_{max} < (1/2)$（引張許容応力）とします。

　図1-4-17（c）の**モールの円**はS_1、S_2とS_x、S_y、τ_{xy}の間の関係、および（式1.4.23〜式1.4.25）、各式の成り立ちを図から視覚的に理解させてくれます。

　もう1つよく使われる**せん断ひずみエネルギー説**は、「せん断ひずみエネル

ギーが降伏点に達すると降伏が始まる」とする説で、三次元面内の応力では、

$$(S_1 - S_2)^2 + (S_2 - S_3)^2 + (S_1 - S_3)^2 \geqq 2 \times (引張試験の降伏点)^2 \qquad (式1.4.26)$$

の条件で破損するとします。二次元の場合は上式の$S_3 = 0$とすることができ、

$$\sqrt{S_1{}^2 - S_1 S_2 + S_2{}^2} = S_C$$ を「**鋼構造設計基準**」（文献❶）では**組合せ応力度**と称し、これが降伏点を超えると破損するとします。実際の設計では、安全係数を入れた設計をするので、S_Cと比較するのは、降伏点の代わりに、許容引張応力、「鋼構造設計基準」では、**許容応力度**と呼ばれる数値になります。

上記の組合せ応力度S_Cを（式1.4.23、式1.4.24）のS_1、S_2の式を使って、S_x、S_y、τ_{xy}で置き換えると、

$$S_C = \sqrt{(S_x - S_y)^2 + S_x S_y + 3\tau_{xy}} \qquad (式1.4.27)$$

垂直応力がx方向一軸のみの場合は、

$$S_C = \sqrt{S_x{}^2 + 3\tau_{xy}} \qquad (式1.4.28)$$

上記2つの説のほかに、脆性材料に合うといわれる、最大主応力が降伏点に達すると破損するという、主応力説があります（3.1.1項参照）。

図 1-4-17 | 最大せん断応力説の式とモールの円

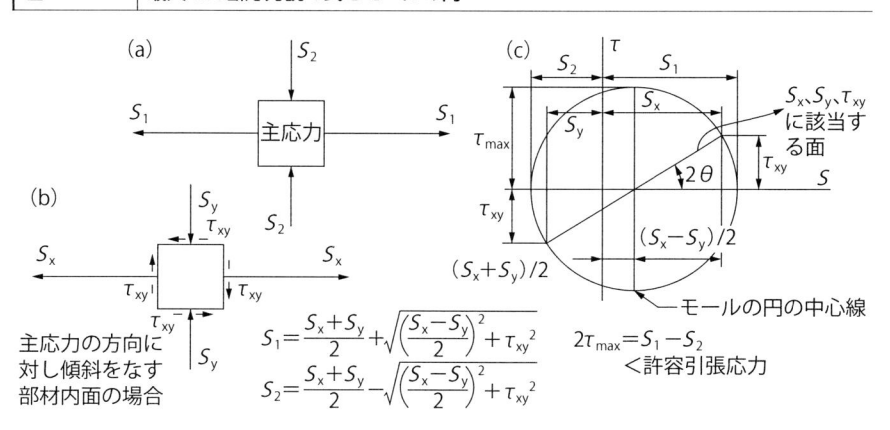

図 1-4-18 | 直交するせん断応力、合成の例

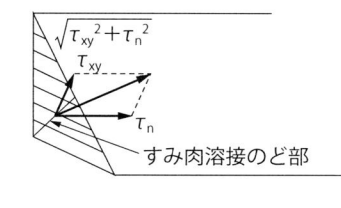

すみ肉溶接部の直交するせん断応力
τ_{xy}、τ_nは合成して、
$\sqrt{\tau_{xy}{}^2 + \tau_n{}^2}$とすることができる。

1.5.1

「流れる」とはどういうことか

❶流れは利用水頭＝損失水頭となる流量で流れる

　工学や技術の世界では流れるものは、液体でも、気体でも、粉体でも、流体と呼ばれます。流体が「流れる」とは、どういうことでしょうか。

　流路の離れた2点間にエネルギーの差がないと流体は流れません。流れを起こすエネルギー差には2つあって、1つは自然の重力により付与される位置エネルギーの差、すなわち「2点間の高度差」、もう1つは人工的に付与される圧力エネルギー（たとえば、ポンプ）による「2点間の圧力差」です。前者は**位置水頭**、後者は**圧力水頭**と呼ばれます。水頭はヘッドとも言います。

　水頭と圧力は1.5.2項のベルヌーイの定理に見るように互換性があり、次の式で変換されます。

　　　$\rho \cdot g \cdot h = p$ 　　　　　　　　　　　　　　　　　　　　（式1.5.1）

　ここに、ρ：流体の密度〔kg/m^3〕、g：重力の加速度〔9.81 kg·m/s^2〕、h：静水頭〔m〕、p：圧力〔MPa、1 MPa＝10^3 kN/m^2〕

　図1-5-1には、水面の位置の水頭差 h〔m〕のA、B、2つの水槽があり、水槽の間に3つの流路が示してあります。

　一番上の水路は**開水路**、あるいは**開渠**と呼ばれるもので、運河、農業用水路、側溝などで多く見られるもので、大気圧の水面（これを**自由表面**という）のある流れです。このような流れが流れるためには、水面が全行程にわたって**勾配**（$\Delta h/\Delta L$）を有している必要があります。Δh の位置エネルギーによって流体は全行程で流れる力が与えられます。

　一方、流体は水路の壁と摩擦を起こしたり、乱れて渦を起こしたりして、熱を発生し、その熱は仕事をせずに流体や流体の外に捨てられます。これが損失エネルギーで、**損失水頭**とか圧力損失と呼ばれ、静水頭（静圧）の減少として現れます。そして、流れは、水面の位置水頭の差 h、すなわち利用可能水頭と損失水頭 h_L が等しくなるように流れます（**図1-5-2**（a））。

　勾配が急であると、あるいは、静水頭差が大きいと流量が増え、そのため損失水頭が大きくなり、両者の水頭が等しくなる流量でバランスします。

❷満水で流れる流れ

図1-5-1の下の2本の水路は満水の管路で、プラントやそのほかの設備などで使われるもので、管内は水で満たされ（自由表面を持たない）、大気圧以上の圧力を持った流れです。流体は水頭差により押し出されるように流れるので、管路に勾配を持たせる必要はありません。それ以外のことは、開水路と同じです（図1-5-2（b））。

図1-5-1で見るように、満水管路（1）と（2）の場合に水平配管の部分に、大気に通じた透明な**測圧管**（マノメータ）を立ち上げると、管径に変化がなく、水平配管以外の損失水頭を無視するときは、測圧管の水面は、勾配一定の開水路の水面とほぼ一致します。つまり、Cの位置の静水圧は$\rho \cdot g \cdot h_C$、Dの位置の静水圧は$\rho \cdot g \cdot h_0$となります。すなわち、満水管路（1）、（2）のセンターと開水路の水面までの高さは各満水管路センターの静水頭（静水圧）になり、開水路の水面の連なりは、その下の各満水配管の静水頭の連なりに他なりません（開水路の勾配を一定とした場合）。この静水頭（静水圧）の連なりの線を**「水力勾配線」**または**「動水勾配線」**といいます。満水管路（1）、（2）の水力勾配線は同一となります。

図 1-5-1 │ 重力流れによる流体輸送

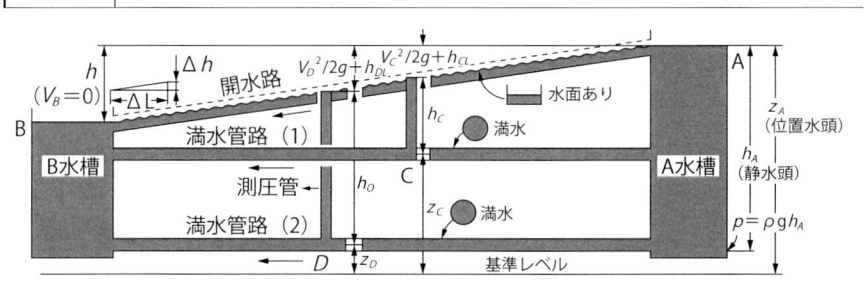

図 1-5-2 │ $h = h_L$ になる流量で流れる

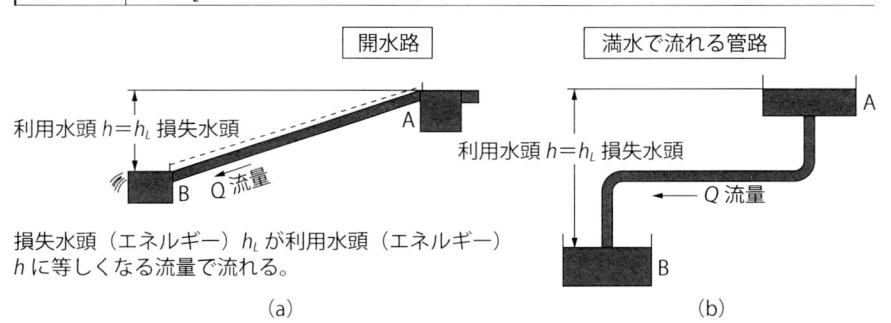

損失水頭（エネルギー）h_Lが利用水頭（エネルギー）hに等しくなる流量で流れる。

(a)　　　　　　　　　　　　　　　　(b)

ベルヌーイの式と水力勾配線

❶ベルヌーイの式

　図1-5-3のように、異なる水位の2つの水槽A、B（Aの方の水位が高いとする）を結ぶ管路があり、管路のところどころに測圧管（上端は大気開放）が設けられています。図は、管路途中のバルブがある開度のときの状態を示しています。

　この管路の1本の流線（ここでは管路の中心線とする）上のどこにおいても、

$$z + p/(\rho \cdot g) + V^2/2g = H_O \qquad\qquad (式1.5.2)$$

が成立します。この式は流体のエネルギー保存の式で、ベルヌーイの式と呼ばれます。どのエネルギーも水の高さ、水頭で表したもので。単位はmです。

　ここに、

　z：**位置水頭**（任意の基準線から流線までの高さ）

　$p/(\rho \cdot g)$：**圧力水頭**（流線上の静水圧）

　$V^2/2g$：**速度水頭**（流速が持つエネルギー）

　H_o：**全水頭**〔$p/(\rho \cdot g)$、$V^2/2g$、h_Lがともに0である、水槽Aの水面における位置エネルギー〕（式1.5.2）は流れに損失のない**理想流体**の式で、実際の流れではエネルギー損失があるので、それを**損失水頭**h_Lとすれば、

$$z + p/(\rho \cdot g) + V^2/2g + h_L = H_O \qquad\qquad (式1.5.3)$$

が成り立ちます。

❷水力勾配線

　（式1.5.2）のベルヌーイの式を、基準線をベースに画いた線が**エネルギー勾配線**です。エネルギー勾配線から速度水頭を除くと水力勾配線となります。

　図1-5-3には、管入口／出口損失、垂直配管の損失、口径の変更による速度水頭の変化、などを含めた水力勾配線（太い実線）とエネルギー勾配線（破線）を示しています。

　図1-5-3の水力勾配線が垂直管のところで、若干下がっているのは、管の高さが変わったためではなく、垂直管で生じた損失水頭のためです。また、レジューサのところで若干上がっているのは、レジューサによって流速が下がったため、減少した速度水頭が圧力水頭に変換したためです（ベルヌーイの定

理）。バルブのところで流れが絞られるため、損失水頭が大きいので、水力勾配線は大きく落ち込み、流線を割り込んでいます。水力勾配線が流線の下へくることは、その流線の部分は**負圧**になることを意味します（図のようにU形の測圧管を使用しないと空気を吸い込みます）。

　管内が負圧になると、液体中に溶け込んでいる空気が気泡となり、気泡がかたまりとなって流路を狭めたり、**閉塞**を起こしたりすることがあります。

　静圧が流体（液体）の飽和蒸気圧以下に下がると流体は**フラッシュ**（圧力降下によって液体が気体になること）し、振動、騒音、キャビテーション・エロージョン、などの障害を引き起こす可能性があります。

　これらの不具合を予測するために、水力勾配線は有効です。水力勾配線は速度エネルギーが圧力エネルギーに変換されるとき、上を向きます（例：図1-5-3のレジューサ部分）、一方、エネルギー勾配線は損失水頭が不可逆の熱に変わり、減る一方なので、常に下り勾配です。

　水力勾配線の例が67頁**図1-5-19**にあります。

図 1-5-3 │ 水力勾配線図

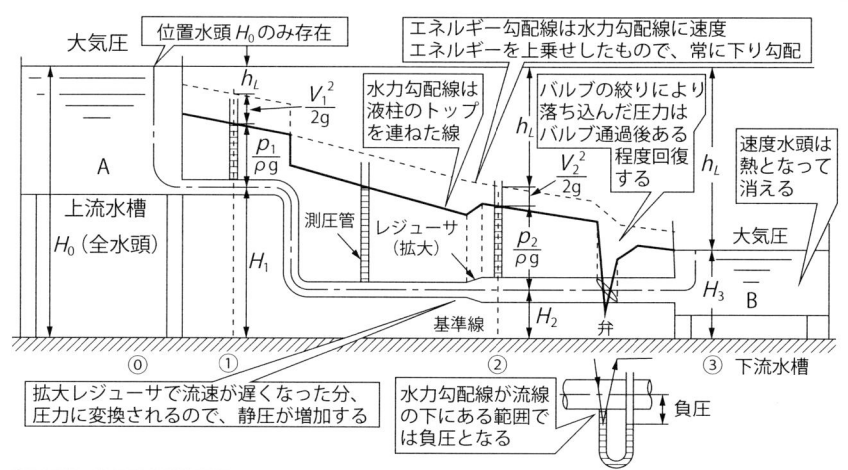

知って得する知識

「**オフセット**」（offset）の英語の語源には、「ずらす」の意味があるようです。配管用語として使うときは、右図のように配管を平行にずらす場合や、フレキシブルジョイントを図のように沈下方向と逆方向にずらして設置すること、あるいは、配管の運転時に起きる大きな水平移動量を見越して、ハンガロッド固定点を移動量の1/2だけ、移動方向と反対方向にずらして設置すること、などに使われます。

1. 5. 3

損失水頭はなぜ生じるか

❶圧力損失は流体の粘性と流れの乱れなどにより起こる

管路を流体が流れると必ず圧力損失を発生します。流体が持つ粘性と、流体が流れるときの乱れ、渦、剥離などによります。粘性による圧力損失は、主に**層流**という流れのときに、乱れなどによる圧力損失は主に**乱流**の流れのときに起きます。そして、同じ流速でも層流か乱流かで圧力損失の大きさが若干異なってきます。そこで流体が層流であるか、乱流であるかを知る必要があります。

❷レイノルズ数により層流か乱流かを判断する

液体でも気体でも、流体は密度、**粘性**、流速という属性を持っています。また、流路や流体中の物体には、形状寸法という属性があります。これら4つの属性が組み合わさったレイノルズ数という無次元数の大きさによって、層流か乱流か、判断できます。

流体の持つ慣性力〔力の単位は、$N = kg\,[m/s^2]$〕は、|質量×加速度| で表され、これを次元で表すと、$(\rho L^3) \times (L/S^2)$ になります。また、流体の持つ粘性力は、|粘性によるせん断力×せん断面積| で表され、これを次元で表すと、$\mu(V/L) \times (L^2)$ になります。ここに、L：長さの次元、S：時間の次元、ρ：密度、μ：粘性、V：流速、です。

上記の粘性力に対する慣性力の比、すなわち（慣性力／粘性力）が**レイノルズ数**（以後、Re 数と略称する）です。これに先ほどの次元を代入すると、

$$（慣性力／粘性力）= |(\rho L^3) \times (L/S^2)| / |\mu(V/L) \times L^2| = \rho L^2 V^2 / \mu L V$$
$$= \rho V L / \mu = Re \, 数$$

ここで、L は代表長さで、円管内の流れの場合は管内径 D になり、

$$\frac{慣性力}{粘性力} = Re\,数 = \frac{\rho V D}{\mu} \qquad\qquad （式1.5.4）$$

となります。（式1.5.4）における単位は、ρ：kg/m^3、V：m/s として、μ は、D が m（メートル）のときは $Pa\cdot s$、D が mm のときは cP（センチポアズ）となります。すなわち、$1\,Pa\cdot s = 1000\,cP$ の関係があります。

層流の場合は**図1-5-4**（a）の上図のように、粒子間の相対位置が余り変化せずに流れます。これは粘性が強いため、粒子間の動きを抑制するためと考え

られます。層流の流速分布は図1-5-4（b）上図のように放物線状になります。

　一方、乱流の場合は、流体粒子の慣性力に比べ粘性力が小さいので、粒子は流体中を気ままに動くことができます。流体粒子は流れ方向の速度成分のほかに、直角方向の速度成分も持っています。そのため、流速分布は図1-5-4（b）の下図のように放物線を押しつぶしたようなものとなります。

　上記したように、Re 数が小さい（すなわち、粘性が大きい）と層流、Re 数が大きい（すなわち、粘性が小さい、慣性力は一定として）と乱流になります。その境界は Re 数＝2300程度のところです。一般には、Re 数＜2000で層流、Re 数＞4000で乱流、2000＜Re 数＜4000では不安定な領域で、僅かの刺激で層流になったり乱流になったりする領域とされています。

❸乱流には種類がある

　乱流はその程度により、数段階の乱流があります。乱流の種類は、管内面の**表面粗**さの高さεと層流底層の厚さδとの関係で**図1-5-5**のように3種類あります。**層流底層**とは、乱流においても存在する、管壁に沿うきわめて薄い層流の層のことです。層流と3種類の乱流は、損失水頭の計算式に含まれる**管摩擦係数**f（1.5.4項参照）の決定に影響します。

図 1-5-4 | 層流と乱流

層流

流体粒子の軌跡

乱流

流速分布

(a)

(b)

図 1-5-5 | 乱流の種類

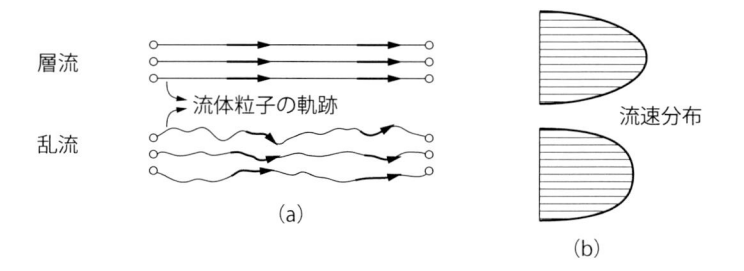

①層流	②〜④乱流		
	②滑らかな管	③中間域	④完全乱流
	$\delta > \varepsilon$	$\varepsilon > \delta > \varepsilon/14$	$\delta < \varepsilon/14$

直管の損失水頭を計算する

❶損失水頭を計算する方法

損失水頭（圧力損失）を計算で求める式で、もっとも汎用的に使われ、実際に近い結果が出るのは、「ダルシー・ワイスバッハの式」です。この式は理論と実験から導かれたもので、非圧縮性流体で、ニュートン流体*であれば、流体種類、温度、圧力に関係なく使用することができ、直管の損失水頭はかなりよい精度で求められるので、産業界で広く用いられています。ただこの方法は、管摩擦係数 f を求めるために Re 数が必要で、Re 数を求めるにはちょっとした手間がかかります（f を求めるために4つの変数を決めなければならない）。そのため、流体が常温で通常の水の場合は、Re 数なしで、損失水頭を計算できる幾つかの式が考案されています。これらの式は「**経験式**」と呼ばれ、水道、下水、消防、などのある限られた分野において普及しています。経験式には、ヘーゼン・ウィリアムスの式、マニングの式などがあります（1.5.7項参照）。

❷ダルシー・ワイスバッハの式で損失水頭を求める

ダルシー・ワイスバッハの式は（式1.5.5）のように表されます。

$$h_L = f \frac{L}{D} \frac{V^2}{2g} \qquad\qquad (式1.5.5)$$

ここに、h_L：損失水頭〔m〕、f：管摩擦係数、L：直管長さ〔m〕、D：管内径〔m〕、V：平均流速〔m/s〕、g：重力の加速度〔9.81 m/s^2〕です。（式1.5.5）より損失水頭が速度エネルギーの形をしていることがわかります。

平均流速 V は流量 Q〔m^3/s〕を流路断面積 $A = \pi D^2/4$〔m^2〕で割ったものです。

圧力損失 p_L は（式1.5.5）に ρg を掛けた（式1.5.6）により求められます。

$$p_L = f \frac{L}{D} \frac{PV^2}{2} \quad Pa \qquad\qquad (式1.5.6)$$

❸管摩擦係数 f を求める

損失水頭をパソコンソフトで求める場合、管摩擦係数 f は、表2-2-12の式を使って計算しますが、式の両辺に f が入った式なので、手計算で f を求めるのは厄介ですが、損失水頭の計算ソフトには f の計算式がパソコンに組み込まれており、Re 数と相対表面粗さを I/P するだけで f を求めてくれます。

　手計算でfを求める場合は、**図1-5-6**のムーディ線図を使います（図中の○囲みの番号は図1-5-5の番号に対応）。

　ムーディ線図は横軸がRe数、左の縦軸が管摩擦係数fで、いずれも対数目盛となっています。垂直、水平の桝目の線は、これら軸目盛のものです。

　右縦軸の目盛は管内面の**相対粗さ**ε/D（Dは内径）で、緩くて太い曲線群はその"相対粗さが等しい線"を表しています。管内面の絶対粗さεは、新品の**市販鋼管**は0.05 mm、引抜きチューブ（冷間加工管）は0.0015 mm程度です。

　図1-5-6で使い方を説明します。たとえば、市販鋼管250 A、Re数8.9×10^4の場合の管摩擦係数fを求めるには、横軸にRe数8.9×10^4をとり、垂直に上へ上げていきます。一方、相対粗さは0.05/250＝0.0002となり、右縦軸で相対粗さの線を探すと、ちょうど相対粗さ0.0002の線があるので、その線を左へとどり、Re数8.9×10^4の垂線との交点を水平に左へ移行、左縦軸のfの値を読みとると、$f＝0.0195$が辛うじて読み取れます。ムーディ線図から読み取れる精度はせいぜい有効数字2桁程度で、ここは、$f＝0.02$が妥当でしょう。

　＊ニュートン流体：速度勾配の影響を受けない粘度μを持つ流体で、水、空気、油などが該当します。

図 1-5-6 ｜ ムーディ線図から管摩擦係数 f を読む

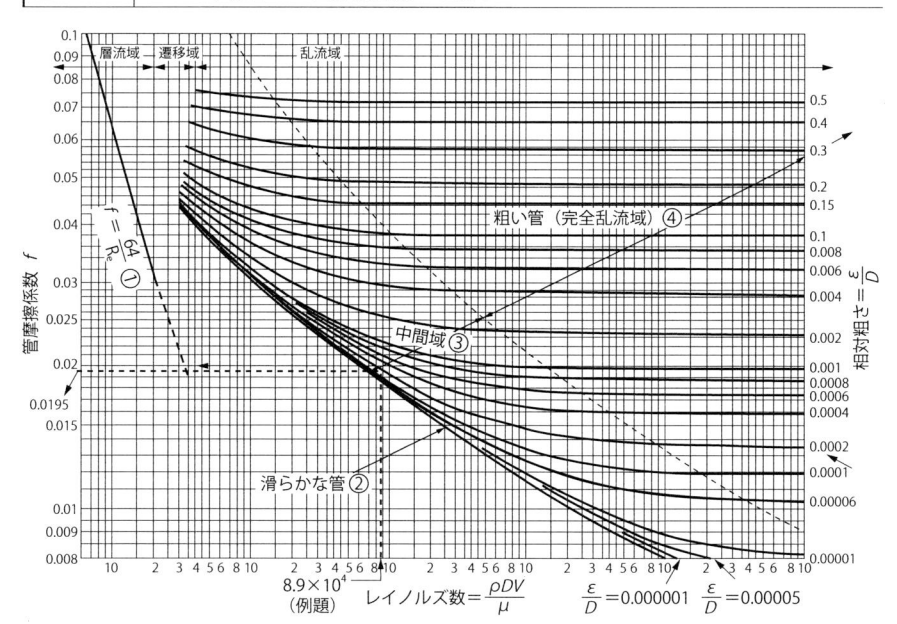

1. 5. 5

局所損失を求める

❶局所損失とは

　配管にはバルブ、エルボ、Tなどの管継手（フィッティング）が存在し、それぞれにおいて局所的に損失水頭が生じます。直管以外で生じる損失を**局所損失**と言います。局所損失のほかには、槽から管へ流体が入るときに起こる縮流に伴なう管入口損失と、管から槽へ出るときに、生じる管出口損失とがあります。配管全体の損失水頭を求めるには、直管、局所、管入口・出口の各損失水頭を求め、加える必要があります。

❷バルブ、管継手で発生する局所損失

　バルブや管継手個々に生じる損失水頭が、同じサイズ（D）の直管の何メートル分（L）の損失水頭に相当するかを、多数の実験結果や経験から求め、その直管長さを口径（D）で除した、（L/D）を局所損失の計算に使います。（L/D）を**相当直管長さ**と言います。相当直管長さ（L/D）は管継手類1箇の損失に相当する直管長さを口径の倍数（無次元）で表したものです（**図1-5-7**参照）。

　局所損失水頭の計算式は次式となります。

$$h_L = f\left(\frac{L}{D}\right)\frac{V^2}{2g} \qquad\qquad (式1.5.7)$$

　（式1.5.6）は、直管の損失水頭の（式1.5.5）と同じ形をしていますが、（式1.5.5）の方はL/DのL、Dがそれぞれ独立しているのに対し、（式1.5.6）の方は、（L/D）が相当直管長さというセットとなっている点が異なります。

　米国のCrane社は、自社が実施した、および他社や公的機関が公表したさま

図1-5-7 ┃ 4B玉形弁の損失水頭図

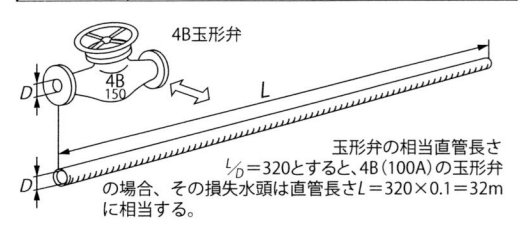

玉形弁の相当直管長さ
$L/D=320$とすると、4B（100A）の玉形弁の場合、その損失水頭は直管長さ$L=320×0.1=32$mに相当する。

図1-5-8 ┃ 種類ごとにL/Dは一定

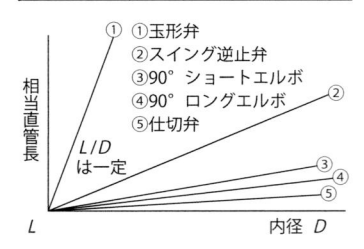

①玉形弁
②スイング逆止弁
③90°ショートエルボ
④90°ロングエルボ
⑤仕切弁

ざまの管継手、バルブの種々の口径の圧力損失測定試験結果を $K\{=f(L/D)\}$ の形にして横軸に、非試験体に接続する管内径を縦軸にプロットした結果、(L/D) が管継手やバルブの種類ごとにある一定値を示し、同一種類では口径が変わってもその値はあまり変わらないことを発見しました（1950年代以前のことと思われます）。さらに $K=f(L/D)$ として、（式1.5.7）のように使い、K を**抵抗係数**（resistance factor）と呼びます（**図1-5-8**）。

$$h_L = K\frac{V^2}{2g} \tag{式1.5.8}$$

〔注〕Crane社は、$K=f(L/D)$ の f は、流れが「完全乱流」域以外でも、常に「完全乱流」の f を使うことを提唱しています。その理由は文献❺を参照願います。

❸抵抗係数 K の傾向

抵抗係数 K が大きいと、損失水頭が大きくなります。一般的にいうと、K の大きさは次のような条件のときに大きくなります（**図1-5-9**）。①流路の曲がり角度が大きいほど、たとえば45°エルボより90°エルボの方が大きい。②流路の曲げ半径が小さいほど、たとえばロングエルボよりはショートエルボの方が大きい。③流路の曲がりの数が多いほど、たとえばアングル弁より玉形弁（図1-9-4参照）の方が大きい。④流路中に弁体などの障害物があるとき、など。

❹管入口、出口の損失を評価する

流体が槽から管に入るとき、速度を持って広いところから狭いところに入るので、縮流が生じ、そのために起こる流れの乱れ、渦、剥離などにより、損失水頭が生じます。縮流ができるだけ生じないように入口端部にまるみをつけ、その半径を大きくするほど、管入口損失を減らすことができます（**図1-5-10**）。

流体が管から槽へ出るとき、流体の持っている速度エネルギー、$V^2/2g$ は槽の中で熱に変わり、利用できないので損失となります。これが出口損失です。

図1-5-9 流れの曲がりと K の大きさ

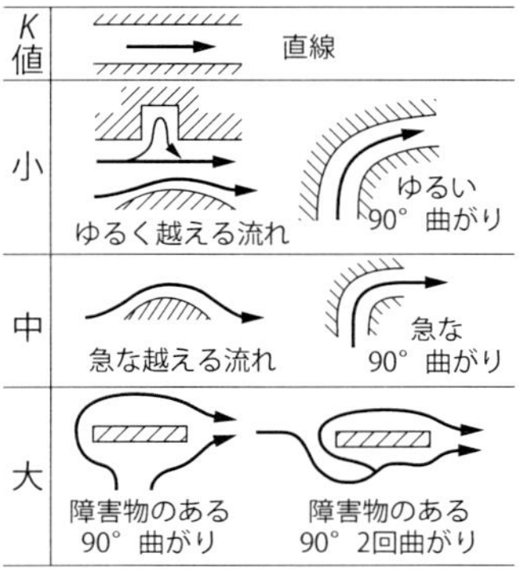

K値		
小	直線	
	ゆるく越える流れ	ゆるい90°曲がり
中	急な越える流れ	急な90°曲がり
大	障害物のある90°曲がり	障害物のある90° 2回曲がり

図1-5-10 管入口損失

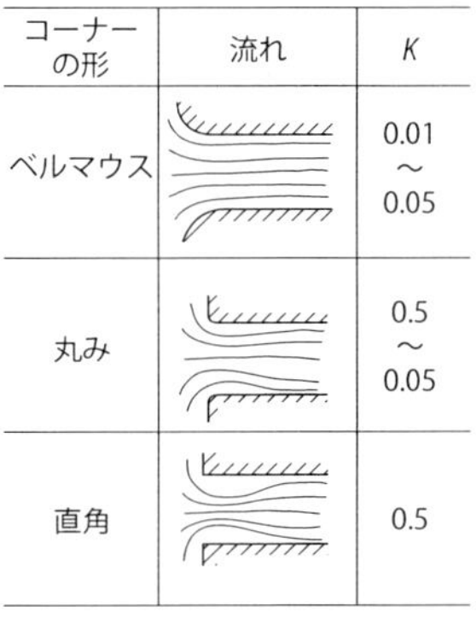

コーナーの形	流れ	K
ベルマウス		0.01～0.05
丸み		0.5～0.05
直角		0.5

1.5.6
開水路の損失水頭を求める

❶流体平均深さを使い損失水頭を求める

　流れには、今まで述べてきた、満水で流れる円形断面のほかに、側溝のように自由表面のある流れや、矩形断面の流路などがあります。これらの流れに1.5.4項で述べたダルシー・ワイスバッハの式をそのまま使うことはできません。

　層流にせよ、乱流にせよ、流速のある流れと流速0の壁が接するところで起こるせん断抵抗や、乱れ・渦などが損失水頭の主要な原因です。つまり、流路断面積Aが同じとして、流体が壁に接する**濡れ縁**の長さLの短い方が流れとして損失水頭が少なく、換言すれば流速が上がり、流量を増やすことができます。

　濡れ縁長さLに対する流れ部分の断面積Aの比を**流体平均深さ**R_Hと言います。図1-5-11 (b) を見ると、R_Hをなぜ流体平均深さというか、理解できると思います。流体平均深さR_Hを式で書くと、

$$R_H = A/L \qquad (式1.5.9)$$

　同じ濡れ縁長さの場合、R_Hの大きい方が、損失と深い関係のある濡れ縁長さの影響を薄めることができるので、損失水頭が小さくなります。

　矩形と円形、各流路断面のR_Hは次の式で求められます（図1-5-12参照）。

$$矩形流路断面：R_H = \frac{a \cdot b}{a + 2b} \qquad (式1.5.10)$$

$$円形流路断面：R_H = \frac{D}{4}\left(1 - \frac{\sin\theta}{\theta}\right) \qquad (式1.5.11)$$

図 1-5-11 | 濡れ縁を底辺に展開すれば深さが流体平均深さ

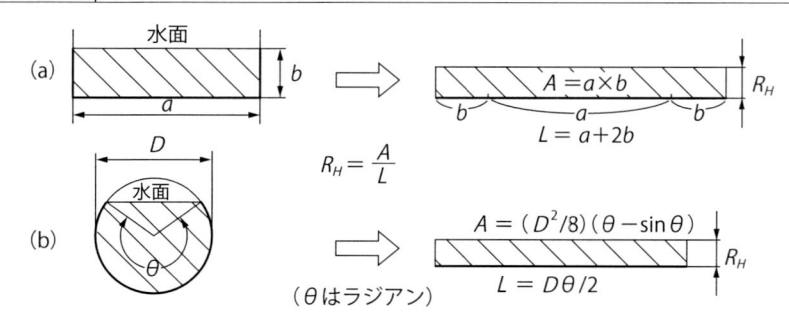

円形断面の管路が満水で流れるときの$\theta = 2\pi$を（式1.5.11）に入れると、R_H＝$D/4$、すなわち、$D = 4R_H$の関係から類推できるように、開水面のある流路や異形断面の流路の場合、ダルシーの式は、Dの代わりに$4R_H$を入れます。

$$h_L = f\frac{L}{4R_H}\frac{V^2}{2g} \qquad (式1.5.12)$$

また、fを求めるときのRe数と相対粗さにも$4R_H$を用い、下記となります。

$$Re 数 = \frac{4R_H V\rho}{\mu} = \frac{4R_H V}{\nu} \qquad 相対粗さ = \frac{\varepsilon}{4R_H} \qquad (式1.5.13)$$

❷矩形断面、円形断面流路の最大流量を求める

矩形断面の流路の場合、流れ部分の断面積Aを一定としたとき、もっとも損失水頭の少ないa、bの比率を求めてみます（図1-5-11（a）参照）。$A = a\cdot b$が一定ですから、（式1.5.9）の$a + 2b$を極小にすれば、R_Hを極大にできます。$a + 2b$をbで微分し、その微分値を0と置きます。

$$\frac{dL}{db} = \frac{d}{db}(a + 2b) = \frac{d}{db}\left(\frac{A}{b} + 2b\right) = -\frac{A}{b^2} + 2 = 0$$

$$A = a\times b より、 -\frac{a}{b} + 2 = 0$$

すなわち、$a = 2b$の関係にあるとき、Lが極小、R_Hが極大となり、したがって流速が最大となり、断面積一定の条件だから流量もまた最大となります。

円形断面の場合は、R_H（式1.5.10）をθで微分し、R_Hの極値を求めます。（以下は、板谷松樹著：水力学、朝倉書店によります）

$$\frac{dR_H}{d\theta} = -\frac{D(\sin\theta - \theta\cos\theta)}{4\theta^2} = 0 \quad と置けば、\theta = \tan\theta となり、\theta = 257.5° を得$$

ます。このとき流速最大となりますが、円形断面の場合は流れる面積もまたθにより変わるので、流量最大となるθは別途求める必要があります。

（式1.5.11）より、h_L一定とすれば、$V \propto \sqrt{R_H}$

流量Qは流速×流路断面積ですから、$Q \propto V\times A \propto \sqrt{R_H}\times A \propto \sqrt{A/L}\times A$したがって、$A^3/L$が極大となる$\theta$を求めればよい。

$$\frac{d}{d\theta}\left(\frac{A^3}{L}\right) = \frac{3A^2}{L}\frac{dA}{d\theta} - \frac{A^3}{L^2}\frac{dL}{d\theta} = 0 \qquad (式1.5.14)$$

図1-5-11（b）右の図のA、Lの式を使って、（式1.5.14）の$dA/d\theta$、$dL/d\theta$を書き直して、式を整理すると、$2\theta - 3\theta\times\cos\theta + \sin\theta = 0$となり、これを解くと、$\theta = 308°$となる。これが円形断面の流量最大となる$\theta$となります。

1. 5. 7
経験式で損失水頭を求める

❶非圧縮性流体に対する経験式

1.5.4項のダルシー・ワイスバッハの式は、圧縮性流体、非ニュートン流体を除くほとんどの流体、温度、圧力に対して使えますが、反面、管摩擦係数を求める手間、また適正口径や流量を求める際には、管摩擦係数を求めるための、若干の試行錯誤を強いられる手間などがかかります。

常温の水を扱う場合は、流体の物性値がある狭い範囲内に限定されるので、その限定された物性値をあらかじめ、式の中に織り込んでしまえば、Re数、管摩擦係数から解放され、流路の表面粗さの係数だけ変えるだけでよくなり（管材質が1種類しかない場合は何も変える必要がない）、式がシンプルになります。そこで、計算結果が実験や実際とよく合うような計算式が幾つか考案されました。これらの式は「**経験式**」と呼ばれます。経験式は、損失水頭、流量、口径など、いずれを求める場合も1回だけの計算で済ませることができるメリットがあります。そのため、もっぱら常温の水を扱う業界、たとえば上水道、下水道、消防用水、などでは経験式が使われています。

直管の損失水頭を同じ条件のもとにダルシー・ワイスバッハの式とともに計算して、結果を比較すると、一般的に経験式の方が若干損失水頭が多めに出る傾向があるようです。これは、経験式は実際の直管の損失水頭に対し、ある程度の余裕を見込んでいると言っていいのかもしれません。なお、経験式には、局所損失を求める式はありません。

以下に代表的な経験式を紹介します。

❷ヘーゼン・ウィリアムスの式

ヘーゼン・ウィリアムスの式の使用できる範囲は、常用温度の水で50A以上の管に使用できます。水道業界で広く使われています。主として鋳鉄管用。

式は、（式1.5.15〜式1.5.17）です。

$$h_L = \frac{1.35 V^{1.85} L}{C^{1.85} R_h^{1.17}} \qquad (式1.5.15)$$

（式1.5.15）は円管の場合、次のように書き換えられます。

$$h_L = \frac{6.835 V^{1.85} L}{C^{1.85} D^{1.17}}$$ （式1.5.16）

$$h_L = \frac{10.7 Q^{1.85} L}{C^{1.85} D^{4.87}}$$ （式1.5.17）

ここに、Cは、管内面の表面粗さでのみ変わる係数（**表1-5-1**参照）。

R_hは流体平均深さ〔m〕、Dは管内径〔m〕、Vは平均流速〔m/s〕、Qは流量〔m^3/s〕、Lは管の長さ〔m〕です。

❸マニングの式

マニングの式は完全乱流域に適用でき、（式1.5.18～式1.5.20）です。

$$h_L = \frac{L V^2 n^2}{R_h^{4/3}}$$ （式1.5.18）

（式1.5.18）は円管の場合、次のように書き換えられます。

$$h_L = \frac{6.35 L V^2 n^2}{D^{4/3}}$$ （式1.5.19）

$$h_L = \frac{10.3 L Q^2 n^2}{D^{16/3}}$$ （式1.5.20）

ここに、nは下表に示す粗さ定数,その他の記号はヘーゼン・ウィリアムスの式と同じです。

なお、圧縮性流体の経験式は、1.5.8項を参照願います。

表1-5-1 ヘーゼン・ウィリアムスの式、マニングの式の係数

cの値　出典：Flow of Fluids 2009年版		nの値　出典：Fluid Flow Handbook Jamal Saleh 著			
材料	C	材料	n		
			最小	正常	最大
裸の鋳鉄、ダクタイル鋳鉄	100	スパイラル鋼管	0.013	0.016	0.017
亜鉛めっき鋼管	120	コーティングした鋳鉄管	0.01	0.013	0.014
プラスチック	150	裸の鋳鉄管	0.011	0.014	0.016
セメントライニングした鋳鉄、ダクタイル鋳鉄	140	亜鉛めっき鋼管	0.013	0.016	0.017
銅チューブ、ステンレス鋼管	150	セメントモルタル	0.011	0.013	0.015
		仕上げたコンクリート	0.01	0.012	0.014

知って得する知識

強度や流量を求める**計算結果の端数処理**は、その端数を四捨五入するのではなく、端数の切り上げ、切り捨てのどちらが安全側（conservative）になるかを考え、安全側となる方を採用します。

1.5.8
圧縮性流体の流量を求める

❶圧縮性流体に条件付きでダルシーの式を使う

　圧縮性のある気体は、圧力損失が生じると流体の静圧が下がり、体積膨張するため流速が増えます。ダルシーの式は流速一定が前提となりますが、圧力の低下が小さい場合に限り、近似的に圧力損失を求めることができます。

　米国のCrane社が提案している方法（文献❺）は次のようなものです。

　下記の入口、出口圧力はすべて絶対圧力です。

①入口、出口間の圧力損失が入口圧力の10％以下の場合、入口または出口圧力の密度（または比容積）を使う。

②入口、出口間の圧力損失が入口圧力の10％より大きく40％未満のとき、入口と出口の密度（または比容積）の平均値を使う。または、③の方法による。

③入口、出口間の圧力損失が入口圧力の40％より大きいときは、本項の❷によります。

❷等温膨張と断熱膨張

　圧縮性流体が圧力損失を伴いながら流れるとき、圧力降下とともに体積が膨張します。その過程に、等温状態での膨張と断熱状態での膨張の2つの両極端があります。$P–V$線上に表したこの2つの変化を図1-5-12に示します。

　図1-5-12に示したように、圧力損失や流量計算において、断熱膨張の方が安全サイド（圧力損失が、より大きく出る）となります。実際の変化はその両極端の間に入り、ポリトロープ膨張と呼ばれます。

図 1-5-12 ｜ 2 つの膨張変化

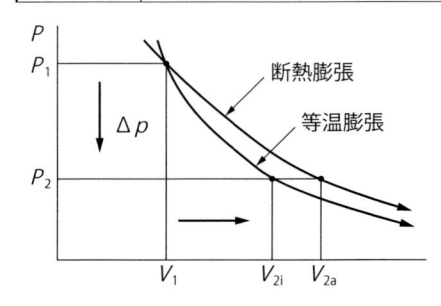

等温膨張は圧力損失により生じた熱は外部へ放熱され、温度が一定に保たれるのに対し、断熱膨張は圧力損失により生じた熱を放出できず、流体の温度が上がります。そのため、図で見るように断熱膨張の方が等温膨張より体積の増加率、すなわち、流速の増加率が大きく、圧力損失が大きくなります。

本項❶では対応できない場合の3つの方法を示します。

① **等温変化の理論式**（長いガスパイプのように等温変化と見なされるラインの場合）（文献❺）

下記条件で（式 *1.5.21*、式 *1.5.22*）から（式 *1.5.25*）までの式が使えます。

- 気体は理想気体の法則に従うものとします。
- 管路は水平で直線とします。

$$W = 316 \sqrt{\frac{A^2}{v_1\left(\dfrac{fL}{D} + 2\log_e\dfrac{P_1}{P_2}\right)}\left(\dfrac{P_1^{\,2} - P_2^{\,2}}{P_1}\right)} \quad [\text{kg/s}] \qquad (式 1.5.21)$$

パイプラインのように *L* が大きい場合は、上式の対数項が無視できて、（式 *1.5.22*）となります。

$$W = 316 \sqrt{\frac{DA^2}{v_1 fL}\left(\frac{P_1^{\,2} - P_2^{\,2}}{P_1}\right)} \quad [\text{kg/s}] \qquad (式 1.5.22)$$

② **ウェイムス（Weymouth）の式**（経験式）（文献❺）

短い配管で部分的に発達した乱流の流れに適します。（式 *1.5.23*）は表2-2-15の（式 *2.2.27*）の *E* と *Z* を省いた式です（3.2.5項の例題参照）。

$$Q = 0.0825 \times d^{2.667} \sqrt{\left(\frac{P_1^{\,2} - P_2^{\,2}}{S \times L}\right)\frac{288}{T}} \quad [\text{m}^3/\text{h}] \ @大気圧、15\,℃ \quad (式 1.5.23)$$

③ **Crane社のダルシー修正式**（断熱変化に基づく）（文献❺）

（式 *1.5.24*）によります。記号は**表 1-5-2**によります（*Y*、*K* の具体的数値は文献❺を参照）。

$$W = 3.51 \times 10^{-4} Y d^2 \sqrt{\frac{\Delta P}{K v_1}} \quad [\text{kg/s}] \qquad (式 1.5.24)$$

$$Q = 19.31\, Y d^2 \sqrt{\frac{\Delta P \cdot P}{K T_1 S}} \quad [\text{m}^3/\text{s}] \ @大気圧、15\,℃ \qquad (式 1.5.25)$$

表 1-5-2 | 式 *1.5.21* ～式 *1.5.25* の記号説明

W；質量流量〔kg/s〕	Q：体積流量〔m³/h〕@大気圧、15 ℃
D：管内径〔m〕	d：管内径〔mm〕
P_1、P_2：入口、出口の絶対圧力〔bar〕	ΔP：入口、出口間の差圧〔bar〕
L：管の長さ〔m〕	A：流路断面積〔m²〕
S：空気に対する某気体の比重量比（＝某気体の分子量/空気の分子量）	
v_1：入口の比容積〔m³/kg〕	Y：圧縮流に対する正味膨張係数
f：管摩擦係数（ムーディ線図より）	K：管抵抗係数の合計（入口、出口損失含む）
	T_1：入口絶対温度〔K〕

ポンプキャビテーションを防ぐ

❶ポンプキャビテーションはなぜ起こる

　水の圧力を下げていき、その温度の飽和圧力になると、水が気泡（ボイドともいう）になり始めます。この現象をフラッシュといいます。現象的には、大気圧の水が100℃で沸騰する（ボイル）ことと同じですが、加熱ではなく減圧によって気化するのがフラッシュです。もしも、ポンプ吸込み管の水がポンプ羽根到達前にその温度における飽和圧力に達するとボイドを発生、ボイドが羽根車に入り圧力を加えられるとボイドが潰れます。そのとき、ボイドの空間が一瞬に失われるので、周囲の水同士が激突して衝撃波を発生します。この衝撃波が近くの金属をアタックし、エロージョンを起こします（**図1-5-14**（b））。

　ポンプキャビテーションを防ぐには、ポンプ入口でフラッシュさせないことが必要で、それには、配管側から決まる、ポンプ入口における流体温度の飽和圧力を超える静水頭、称して有効NPSH、略してNPSHAがポンプ側で決まる、ポンプ入口から羽根入口までの損失水頭、称して必要NPSH、略してNPSHRより大きいこと、すなわち、NPSHA＞NPSHRとすることが必要です。

図1-5-13｜NPSHとポンプキャビテーションのメカニズム

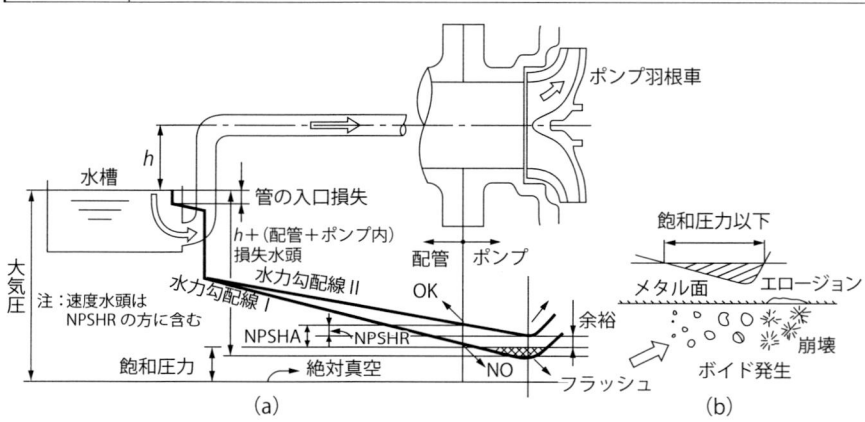

　図1-5-13（a）大気圧の水槽から、その上にあるポンプまでの吸込管を考えるとき、NPSHAは、NPSHA＝｛大気圧の水頭9.8 m －（ポンプセンターレベル－水槽水位）－管入口損失－吸込管損失水頭－水温の飽和圧力｝で計算します。

　NPSHRは、ポンプ側から決まるもので、NPSHR＝｛ポンプ入口から羽根入口までの損失水頭＋羽根入口の速度水頭｝です。

　管路に沿った静水頭の軌跡が水力勾配線です。図1-5-13の水力勾配線Ⅰは水槽水面から配管を通ってポンプ羽根車入口に至る、水力勾配線の一例です。すなわち、水槽の水面を起点とし、水面とポンプセンターレベル間の位置水頭分と流体が管に入るときの損失分、配管内とポンプ内の損失水頭を消費して、羽根入口に達します。水力勾配線Ⅰはポンプ羽根車手前で流体温度における飽和圧力に達し、フラッシュしてしまいます。

　最後までフラッシュしないように、管の損失水頭を減らすため、管径を大きくするなどし、損失水頭の発生を減らしたのが、水力勾配線Ⅱです。

　水力勾配線Ⅱでは、配管とポンプの取合い部で、余裕をとってNPSHAがNPSHRより高くなっているので、フラッシュを起こしません。

　大気圧下の水槽からポンプに至るポンプ吸込管で、水槽をポンプの下に置くか、上に置くかで、水温が常温から100℃の場合に吸込管で許せる損失水頭がどのように違ってくるかを図1-5-14（水槽がポンプの下の場合）、図1-5-15（水槽がポンプの上の場合）に示します。水槽をポンプより上に置いた方が、下に置いたよりも、ポンプ吸込管の損失水頭を大きくとることができます。

　常温近い水の場合は、水槽が下にあっても、キャビテーションを避けることができますが、温水、熱水になると、水槽をポンプより上に挙げて、押し込み水頭を加えないと、キャビテーションを起こしてしまいます。

図 1-5-14｜水槽をポンプより下に置く

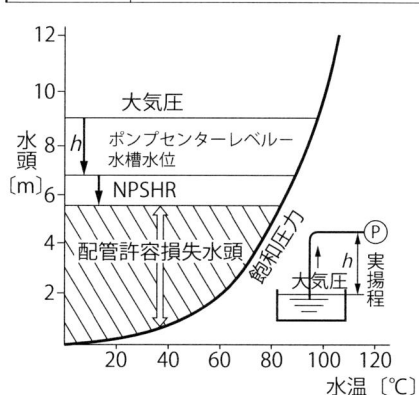

図 1-5-15｜水槽をポンプより上に置く

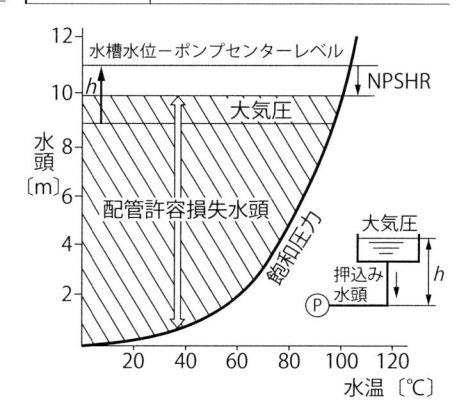

二相流・飽和水の注意事項

❶二相流の注意事項

ここで扱う二相流は液体と気体が混合して流れる流れです。また、飽和水は圧力損失が少しでも生じると、フラッシュが起こり、気相二相流となります。

液体と気体の流量割合等によりさまざまな流れパターンがありますが、水平の管における二相流の流動パターンを**図1-5-16**に示します（水平管では液体部分が重力で管底の方へ移行するので、垂直管の流動パターンとかなり異なる）が、配管による流体輸送で管の動的動きにおいて問題になるのは、液体と気体が塊状に交互に連なって流れる、フロス流、スラグ流、プラグ流です。

フロス流は気体の部分と、管壁と繋がった液体部分とが交互に断続的に連なる流れです。**スラグ流**のSlugは「なめくじ」の意味で、流路断面を満たすほど大きな気泡（なめくじ）と、小さな気泡を含む液体部分が交互に存在する流れです。**プラグ流**は液体の中に銃弾のような形の気体が断続的に入った流れです。

これらの流れは密度の大きな液体と小さな気体が交互に流れるので、エルボやTで流れが曲がるとき、エルボの壁に及ぼす流体の運動量、すなわち力が断続的に変化し、配管の励震源となります。

また、配管のドレンポケットをフロス流、スラグ流などが流れる場合（**図1-5-17**）、ドレンケット部の底部からの立上がり部において液相部分が重力の影響により停滞し、液相同士が繋がり、一次側と二次側の差圧でドレンポケットの立ち上がりを越えられなくなり、流れがとまり、差圧が高まったところで「連なった液相」を押し出します。これを周期的に繰り返すため、不安定な流

図1-5-16 │ 二相流水平管の流動

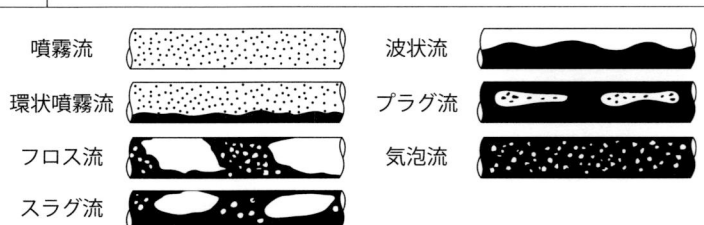

噴霧流		波状流
環状噴霧流		プラグ流
フロス流		気泡流
スラグ流		

れや、振動を引き起こします。したがって、二相流の配管ラインではドレンポケットを避けることが必要です。

❷飽和水の注意事項

飽和水（ここでの飽和水は、飽和状態の液相のみとします）あるいは、飽和状態より若干低い温度の水（**サブクール水**）の流れにおいて注意することは、管内の損失水頭で圧力が下がると、フラッシュして蒸気を発生し、比容積が増える（あるいは密度が減少する）ことです。管の中でフラッシュが起こると、

①体積流量が増えるので、流速が上がり、損失水頭が増えるため流量が減る。

②ポンプ吸込管で起こると、キャビテーションを起こす（1.5.9項参照）。

③調節弁上流側で起こると、調節弁入口において設計仕様の体積流量を上回り、バルブが全開しても設計流量を処理できなくなる。

管内でフラッシュを起こさせないためには、次のような注意が必要です。

①飽和水（貯蔵）タンクから送水する管は、タンク出口から、管ルートに沿うどの点においても累計で、（生じる損失水頭＋増加する速度水頭）＜（得られる位置水頭）を満足する配管にする必要があります。一般的には、飽和水タンクから送水する管は、**図1-5-18**のルートⒶのように、タンクを出たら、可能な限り低いところまで、まっすぐ垂直に降ろすか、可能なかぎり大きな勾配で降ろし、上流側で静水頭をしっかり稼いでおき、それから水平に管を振ることです。Ⓑのルートは、タンクを出てすぐに管を水平に振っており、水平管の損失水頭でフラッシュし蒸気になるため、下降管において、必要な静水頭が得られない可能性が高くなります。

②調節弁は、**弁前フラッシュ**しないように、飽和水タンク水位より十分低い位置に配置します。

図1-5-17	二相流とドレンポケット

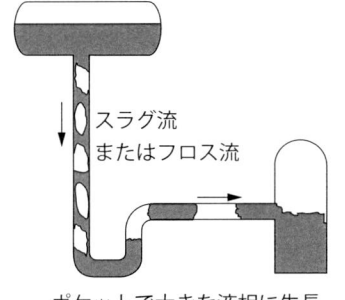

スラグ流
またはフロス流

ポケットで大きな液相に生長

図1-5-18	飽和水管におけるフラッシュ

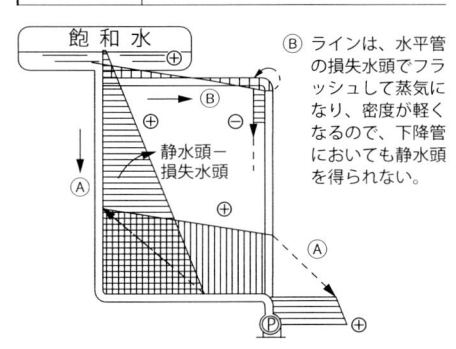

飽 和 水

Ⓑ ラインは、水平管の損失水頭でフラッシュして蒸気になり、密度が軽くなるので、下降管においても静水頭を得られない。

静水頭－
損失水頭

空間に配管を設計する

❶配管レイアウトの2つの役割

　プラント建設において、配管設計部門に課せられる仕事は、P&IDに表されたすべての配管ラインをサイト（現場）の空間上に策定し、機能、安全、運転操作などすべての面で満足するように設計し、その材料を集計し、調達の指示をし、入荷材料を加工、組立て、据え付けるための図面をおこすことにより、最終的にプラント配管をサイトに具現化することにあります。

　しかし、配管設計部門の仕事はこれだけではありません。

　配管を通す空間には、機器と配管を載せる床、それを支える柱、空間を仕切る壁があり、配管が接続する機器があり、同じ空間に共存する電気ケーブルや空調ダクトがあります。配管は空間上でこれらと干渉を起こす可能性があり、それらと折り合いをつけなければなりません。それにはイニシアチブをとって調整する役が必要になります。もっとも物量が多く、インターフェース個所が多い配管を担当する部門がその調整役を勤めなければなりません（**図1-6-1**参照）。

　このようにして、配管設計部門のもう1つの重要な役割は配管とインターフェースのある部門、企業から、必要な情報を受け取り、検討し、彼らと調整を行い、それらを反映させた配管レイアウト図やリストを作成し、それらを相手にフィードバックすることにあります。

　「配管レイアウト」という言葉には、「配管ルート＋配管とインターフェースのあるもののすべての情報」を盛り込んだ図面という意味合いがあり、配管レイアウト図はプラント全体の空間をつかさどる**マスタードローイング**といえます。

図 1-6-1 | **配管設計部門の仕事**

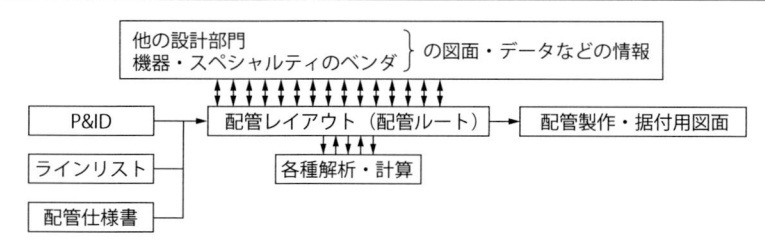

　図1-6-1における他部門との調整やデータの授受は、具体的には**表1-6-1**のようになります。また、関連する部門との間で行う調整やデータ、図面の授受に視点を置いた、設計の進捗していく過程はおおよそ**図1-6-2**のようになります。

　納期のかかる配管材料の手配のために、また、設計が同時進行している関連他部門へのタイムリーな情報提供のために、プラント引き渡し時期から逆算したしかるべき時期に、既設の類似プラントの経験、知識、図面、他部門の準備段階の概略図などで、プロットプランと配管レイアウトを構築していきます。配管レイアウトの設計が進む一方、関連部門の設計も進むので、それらの改正を取り込みつつ、配管レイアウト図は何回も改正を繰り返しつつ、確定度を増し、完成へと近づいていきます。

表 1-6-1　関連部門との調整・データの授受

調整を要するもの	配管設計部門が受領する図書	配管設計部門が提出する図書
土木・建築	建屋各種図面	床荷重、埋め込み金物位置・形状・荷重、床・壁穴開け要求図 配管レイアウト図
機器	機器外形図	必要に応じノズル位置変更の提案 （ノズルオリエンテーション）
ケーブルトレー	ケーブルトレー配置図	調整済みの、ケーブルトレーなどの配置の入った配管レイアウト図
空調ダクト	空調ダクト配置図	調整済みの、空調ダクトなどの配置の入った配管レイアウト図

図 1-6-2　配管レイアウト作成過程における図面・データの授受

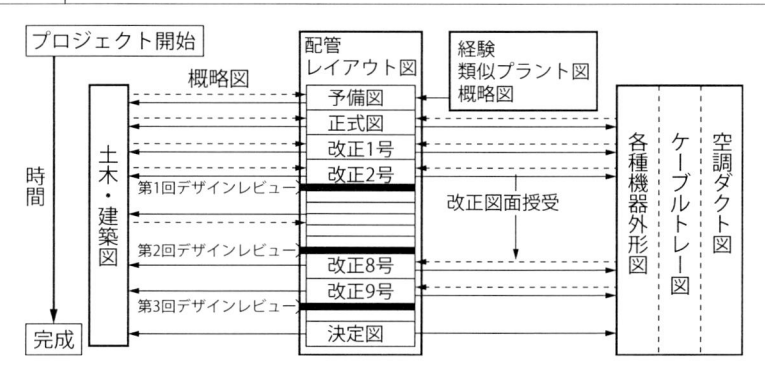

P&IDを読み解く

❶P&IDは配管設計者のバイブル

　配管設計の上流部門で作成される図書に、PFD（Process Flow Diagram、P&IDのもとになる線図）、ヒートバランス（発電プラントの熱サイクルラインの熱収支を記した線図）エンジニアリングデータシート（機器類の設計諸元）、計装データシート（調節弁、安全弁、計装品の諸元）、そして、P&ID（Piping & Instrument Diagram）、などがあります。中でもP&IDは配管設計者のバイブルともいうべきもので、配管設計全般をつかさどり、重要な影響を及ぼす最重要ドキュメントです。

　配管設計者はP&ID（**図1-6-3**）が伝えようとしている内容を図面からもれなく、適確に読み取って配管設計に反映させなければなりません。

❷P&IDを読み解くには

　P&IDを読むためには略号や、noteが要求する意味を理解できることが必要です。ここではP&IDを読み解くための幾つかのこつを挙げます。

図 1-6-3 │ P&ID（部分）の一例

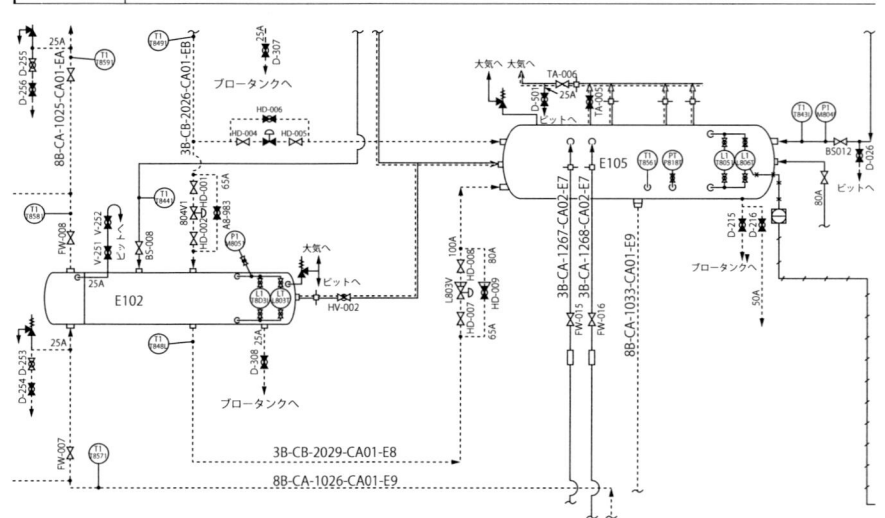

①各配管ラインの情報を掴む

　まず各配管ラインの流れ方向、起点と終点、分岐、合流があればその先を確認します。同じシートにその先が出ていない場合は、そのラインの端に、続きが示されているP&IDのシートNo.が記してあるので、その先を追いかけます。ラインには固有のライン番号が記されています。ライン番号に含まれる記号から、口径、流体、配管クラス（ここから呼び圧力、材質、腐れ代、などがわかる）がわかります。さらに**ラインリスト**で、そのライン番号の諸元を読めば、設計圧力/温度、運転圧力/温度、管厚さ、等々を知ることができます。ライン上のバルブ、計装品などのTag No、種類と相対的位置がわかります。

　「このラインは、接続する機器を含め、何をするためにあるのか」、「このラインはどのような運転をするのか（常時使用か、ある条件のときに使用か）、複数の運転モードがあるのか」、などをつかむようにします。

②配管のup&downに関する情報

　湿分を含んだ気相、二相流、飽和水などの流体は、配管のup & downを禁じたり、推奨する寸法、形状を指示したりします。それらは "free drain"（液体も気体も溜まるところがない）とか、"no liquid pocket"（液体がたまるところがない）などとラインの傍らにnoteされるので、見逃してはいけません。

③すべてのnotesを見落とさない

　"**general notes**" は全般に共通する注意事項です。"**notes**" は**図1-6-4**の例に示すように種々のnotesが随所に記されますが、簡潔に記されるので、見逃さないようにします。

図1-6-4 | 図の随所に示される "NOTES" の例

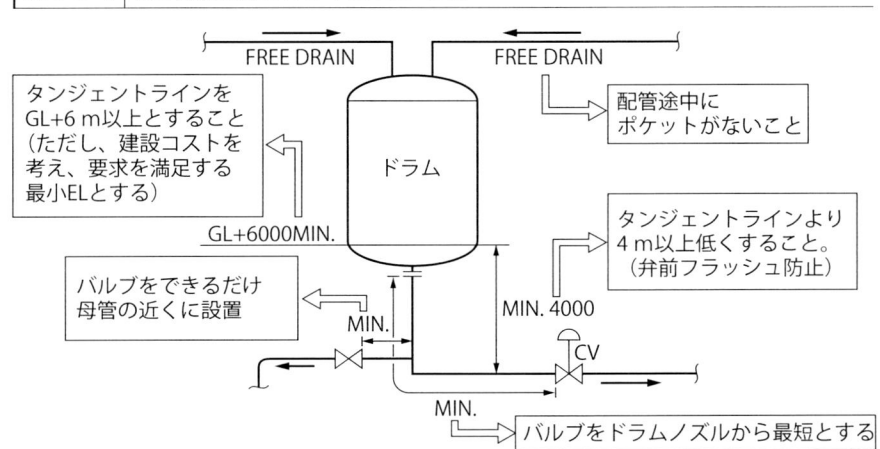

配管レイアウトの基本原則

❶配管レイアウトの中身

配管レイアウトは一般に、以下に示す情報を含みます。

①配管ルート。配管ルートの情報は、EL（エレベーション）、勾配を含む、ルートを特定する寸法。管のサイズ（保温外径）、エルボ（ロング、ショートの区分）、レジューサ（同心、偏心の区分）などの位置、配管ラックの主要寸法、等々。

②バルブ、スペシャルティ、計装品の設置位置、ELと向き（姿勢）。

③配管周辺の建屋壁、床、柱、ブレース、基礎、開口部などの外形。

④配管が接続する機器、およびその基礎の外形。

⑤配管周辺のケーブルトレー、空調ダクトの寸法、配置。

⑥機器分解（引き抜き）用スペース、バルブ操作用スペース、プラットフォームなどの位置、寸法。

配管レイアウトは三次元CAD、または二次元CADで作成されることが多い。CADデータは配管製作用、溶接検査用、据付け用の図面に展開され、調達のための材料集計に使われ、耐圧強度計算用、配管フレキシビリティ解析用、圧力損失計算用、などのデータとして展開されます。

❷配管レイアウト設計にあたっての基本原則

配管レイアウトの策定にあたっては、次の要求を満足させねばなりません。

①プラントの安全、機能、性能を満たすものであること。具体的には、圧力損失（流量、圧力の確保）、適正なフレキシビリティ、安定した流れ、振動・水撃・キャビテーション、弁前フラッシュ、などを起こさないようにする。

②経済的であること。必要最小限のフレキシビリティ、グループ配管、などを考慮。

③運転、操作のしやすいこと。通路、パトロール通路、操作スペース、などの確保。プラットフォーム、階段、ラダー、などの設置。

④点検、分解がしやすいこと。ポンプ羽根車、モータ、熱交換器チューブ、水室、などに対する分解/引き抜きスペース、レイダウン（仮置き）スペース、の確保。

⑤美観を考慮する。全体的に整然とした配管とスペースのレイアウト。

❸配管ルート計画の基本原則

配管ラインのルートを決める際の基本原則には次のようなものがあります。

①優先順位をつけて配管ラインのルート計画を行います。プロセスライン（発電プラントにあってはヒートバランスのライン）の、その中でも、大口径、厚肉管、高温管、高級材質管、から優先的に始めます。勾配配管も早めに計画します。

②ラインごとのルート計画を始める前にP&ID、特にそのnotesに注意を払い、そのラインの特徴やプロセス設計者の意図を十分把握します。また、そのラインと類似のラインにおいて過去に経験したトラブルを検索し、トラブルに対する再発防止策を施します。

③❷項①～⑤の要求を満足するようルート計画を行います（図1-6-5参照）。

④配管ルート周りに必要最小限のスペースを確保します。ここでいうスペースには❷項④、⑤のほかに、当該配管の据付け、溶接に必要な床、壁、天井からの最小必要距離も含まれます。

⑤以下は特に屋内配管について言えることです。

- 東西、南北に走る配管は異なるエレベーションのゾーンを通るように計画し、交叉するところで干渉しないようにします。
- 比較的口径の大きな、重い配管はサポートをとることのできる構造物（壁、柱など）の近傍を通します。

| 図 1-6-5 | 分解・引き抜きに必要なスペースの確保 |

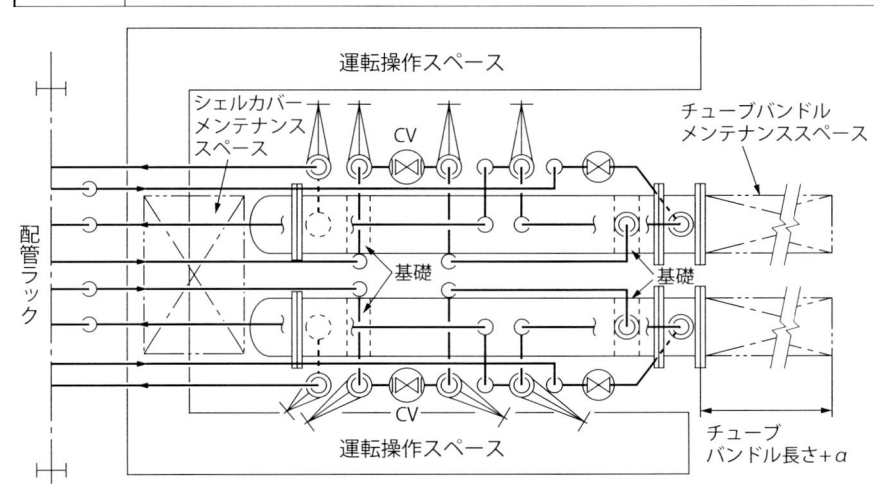

配管レイアウトのポイント

　本項では、配管レイアウト計画において、特定のライン、または特定エリアにおいて「レイアウトはかくあるべき」というポイントを記述します。

①**ポンプ吸込み管**：

　(1)NPSH（1.5.9項参照）の観点から圧力損失を最小にするため、流速を遅くし、配管は最短にして、曲がりも極力少なくします。

　(2)管内における空気滞留は気相がポンプに入ったとき、ポンプ性能を悪くするのでベーパーポケット（逆U字配管）のない配管とします。

　(3)ポンプ性能に悪影響のある、ポンプ入口における偏流を小さくするため、ポンプ直前に直管〔管内径の4倍以上の長さという文献（❿）もある〕を設けます。特に両吸込みポンプは偏流の影響に敏感なので注意を要します。

②**ストレーナまわり**：いずれのタイプであっても、ストレーナエレメントの取り外しが容易で、かつ清掃のための引き抜きスペースを必要とします。

③**複数、並列の同一機器**：複数の同一機器があって並列運転する場合は、各機器の流量を均等にするため、機器を挟んで、分岐点から合流点までを対称の配管形状とします。

④**合流・分岐部**：比較的流速の早い液相配管（たとえば、ポンプ出口管）、高流速の蒸気配管（たとえば、減圧弁出口管）の合流部と分岐部はスムースに流れが合流、分岐するようにラテラル（133頁参照）、またはY形状の接続とします。

⑤**フリードレンの配管**：フリードレン、ノー・ベーパーポケット、ノー・ドレンポケット、勾配の必要な配管は、停止時、運転時、そして経年後もポケットができてはならないので、配管や機器の熱膨張、地盤沈下なども考慮して設計します。ポケットができると、高速蒸気流がドレンを高速で移動させ、ドレンが曲がり部の壁に衝突して起こる水撃、また、気相流の閉塞（ベーパーロック）、不安定流動などを起こす可能性があります。

⑥**安全弁入口管、出口管**：安全弁が作動したとき、圧力損失が大きいと、ハンチング（弁体が中間開度で揺動）したり、チャタリング（弁体が弁座を断続的に叩くこと）したりするので、入口、出口管ともに最短とします。安全弁

が吹いたときの反力を受けるサポートを設けます。

⑦**飽和圧力の水の管**：飽和圧力水、あるいはそれに近いサブクール水の槽は、出口管途中でフラッシュしないように、槽をできるだけ高い所に置き、出口配管で生じる圧力損失を上回る静水頭が得られるよう、配管は槽出口から直ちに垂直に、それが不可能ならできるだけ急勾配の下り配管とします。

⑧**蒸気と水の接触**：冷たい水（たとえば、ドレン）に蒸気が接触する配管、蒸気管に冷たい水の入る配管は、いずれも蒸気凝縮ハンマを起こす可能性があるので避けます（あるいは、ドレンを完全に抜いてから蒸気を入れる）。また、後者の場合は、繰り返すと、高温部に熱疲労（熱衝撃）の起こる可能性があります。

⑨**配管に付属する計測装置**

　⑴**温度計**：外気温度の影響を最小限とするため、流体へのウェル差し込み深さを十分とります。口径が100 A以下の場合は、温度計設置部の管を150Aにサイズアップします。温度計ウェルを取り出すときのスペースをウェルの延長上に確保します。分岐・合流近傍に設置する温度計はP&IDの指定位置を変えてはいけません。合流部の場合、合流後に温度計設置するのが一般的です。

　⑵**圧力計導圧管座**：水平管に設ける圧力計導圧管座のオリエンテーションは一般的に以下によります。水管の座は、導圧管に気泡が入るのを防ぐため、管の下半としますが、真下付近はごみが入る可能性があるので避けます。蒸気管の座は、導圧管に気相、液相の混じるのを防ぐため、座は管の上半とし、常に導圧管に水が満ちるようにするため、導圧管頂部にコンデンセートポット（常に復水が溜まっている）を設けます。湿分のある気体の管の座はごみ混入を防止するため下方は避け、管の上半とします。

⑩**最小歩行スペース**：一般に高さは2.1 m（身長＋ヘルメット＋余裕）、監視を含むパトロール（プラットホーム含む）用スペースの幅は最小0.75 m（弁棒水平ハンドルがある場合、ハンドルをスペース幅に含めない）をとります。

⑪**バルブハンドルのEL**：バルブ弁棒が水平の場合は、バルブハンドル中心位置は床より900〜1200 mmがもっともよい。

⑫**床に近い管**：ドレン抜きがある場合、ドレンを抜くためドレン弁の下にオイルパンを入れるなどする必要があるため、ドレン弁下端から床までの距離、150 mm以上を確保するよう、管のELを決めます。

⑬**分解の邪魔になる配管**：機器分解時の分解スペースにやむを得ず配管を通さざるを得ない場合は、じゃまになる配管を取り外せる手段（切込みフランジなど）を講じておきます。

1. 7. 1
どんな配管振動があるか

❶配管振動の原因となるもの

　配管が振動するのは、振動させる源、「励振源」があるからです。励振源には機械的なものと流力的なものがあり、いずれの場合も何らかの振動成分を持っています。**図**1-7-1に配管振動の原因となるものを示します。

　われわれが目にする振動はほとんど「**機械的振動**」であり、「**流力的振動**」は目にすることは少なく、この振動により引き起こされる機械的振動を見ることになり、配管の被害もまた、多くは機械的振動によってもたらされます。

　励振源が機械的な振動は、配管コンポーネントが連結した「配管」という集合体が振動する現象で、その原因として、①ポンプ、圧縮機、ファンなどの可動機械の振動が、配管と取り合う機器ノズルから配管に直接伝わる「**直接伝達**」によるものと、②当該配管と直接つながっていない、別の配管や機器の振動が架台、建屋床、サポートなどを通じて間接的に当該配管に伝わる「**間接伝達**」によるものがあります。

　機械的振動の励振源となる可動機械の振動原因には、高速で回転する機械の軸心からの重心のずれ（アンバランス）や、ミスアライメント（軸同士の芯不一致）、あるいは往復運動をするピストンの慣性力、などがあります。

　流力的振動の振動原因には、断続的に質量流量、すなわち運動量に差がある二相流（特に、プラグ流やフロス流）と、ポンプや圧縮機内部より発して、流

図 1-7-1 │ 配管振動の原因となるもの

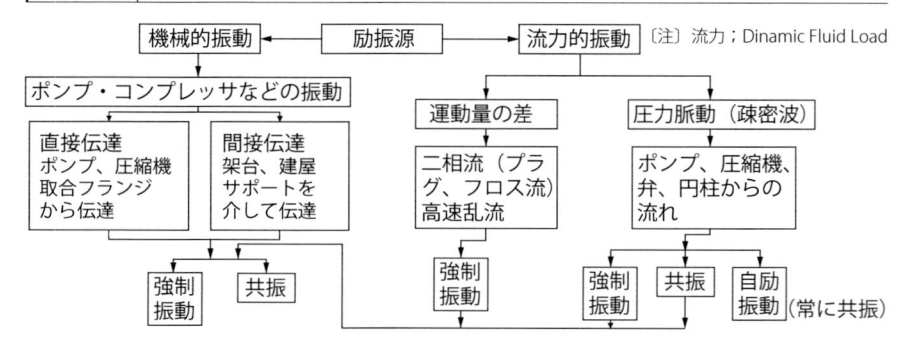

体中を音速で伝わる疎密波の圧力脈動に起因するものとがあります（**図**1-7-2（b）参照）。これらの断続的な密度差のある流れ、あるいは圧力波が管路曲がりを通過するとき、配管の壁に交番する力を与えることによります。また高流速や、絞り弁下流の乱れも高周波振動の原因となります。

❷強制振動、共振

当該配管の機械的固有振動数（図1-7-2（a）参照）が励振源の振動数と一致しなければ、当該配管は励振源と同じ振動数で、励振源より減衰した振幅で振動します。これが**強制振動**です。当該配管の機械的固有振動数が励振源の振動数と一致するか、ごく近い場合、当該配管は励振源の振幅より大きな振動を起こし、しばしば運転を続けるのが危険なほどの振動にもなります。これが（機械的）**共振**です。

疎密波（圧力脈動）は、管の一端より管路を進行し（進行波という）、管の他端の開口部、または閉止部で反射し（反射波という）、このような反射により、管路を往復するうちに次第に減衰します。進行波と反射波の合成波は、管長さと圧力波の波長がある関係のとき、**図**1-7-3のように、**定在波**という波形の進行が止まったような波を形成し、振幅が重畳、増幅されます。これが疎密波の共振で、**気柱共振**と言い、その振動数を気柱固有振動数と言います。

図 1-7-2 曲げ振動（横振動）と疎密波（縦振動）

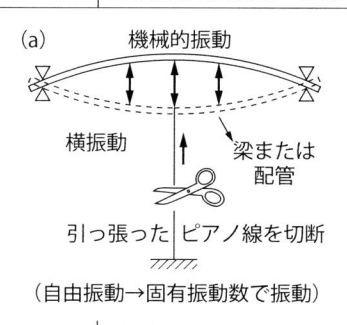

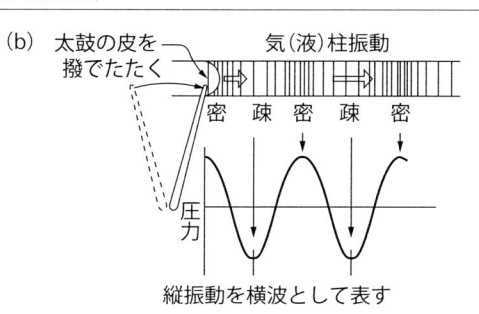

図 1-7-3 疎密波の気柱共振、定在波

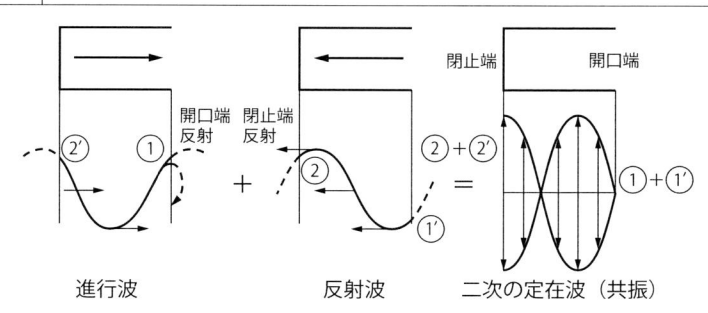

1.7.2
機械的共振と振動抑止

❶ポンプから伝わる機械的振動

　ポンプが振動すると、その入口、出口座を通じて、接続配管に振動が伝わります。振動はポンプから最初の配管サポートを超えて伝達しても、振幅の発生や摩擦熱などにエネルギーを費やし、配管の先へ行くに従い減衰します。

　ポンプから伝わる機械的振動の振動数がポンプ出口配管の機械的固有振動数に近いと配管は共振します。この点につき次のようなことが言えます。

(1)配管が剛であれば、一次固有振動数は高くなるので、共振時の振幅は小さくなります。しかし、振幅が小さくても、高周波振動の場合は振動エネルギーが高いので注意が必要です。

(2)配管がたわみやすいほど、共振による振幅は大きくなります。

(3)ポンプの座の振動を配管に伝えないためには、ベローズ式伸縮管継手やフレキシブルホースで、ある程度振動を隔離することができます。

❷機械的固有振動数

　配管の振動において、直管は同じ長さの梁とみなすことができます。分布荷重（質量）m の梁が、その両端をピン支持されている「単純支持梁」の機械的固有振動数は、（式 *1.7.1*）のように表されます。記号については、**図1-7-4**および表2-2-17を参照願います。

$$f_n = \frac{1}{2\pi} \left(\frac{a_n}{L} \right)^2 \sqrt{\frac{E \cdot I}{m}}$$

（式 *1.7.1*）

図 1-7-4 | 単純支持の連続梁

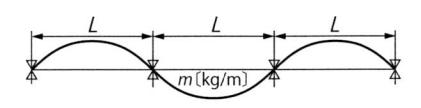

図 1-7-6 | 梁に集中質量のある場合

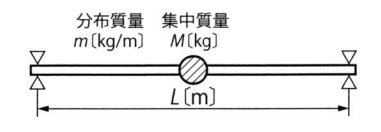

図 1-7-5 | 単純支持梁固有振動モード

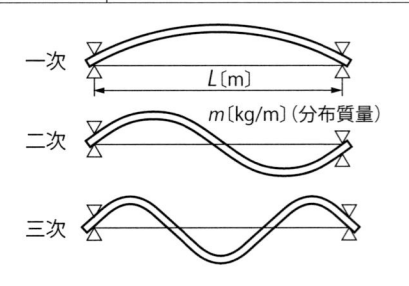

一次

L〔m〕

m〔kg/m〕（分布質量）

二次

三次

単純支持梁の一次から三次までの共振モードを**図1-7-5**に示します。

また**図1-7-6**に示すような梁中央に集中質量Mが追加された場合の一次機械的固有振動数f_1は（式*1.7.2*）で計算されます（文献❷）。

$$f_1 = \frac{1}{2\pi} \sqrt{\frac{48EI}{L^3(M+0.5\,mL)}}$$

（式1.7.2）

❸配管振動の抑制につき考慮すること

①ポンプのアライメントを満足させるため、ポンプの座と配管の接合に関連して、設計、施工上注意すること

(1)ポンプの座に配管からの荷重がかからないように、配管サポートを計画する（サポート位置とサポートタイプの選択）。

(2)機器の配管用座の許容荷重を機器メーカへ確認しておく。

(3)配管フレキシビリティ解析を行い、配管熱膨張によるポンプにかかる荷重が許容荷重を超える場合は、ポンプに過大な荷重がかからないようなレストレントの設置、または機器−配管間に伸縮管継手などの設置を考慮する。

(4)ポンプに接続する配管は、ポンプの側から配管の据付けを始める。

(5)ポンプの座と配管は接合前に中心軸も角度も合致していること。

②レイアウトとサポートに関連して考慮すべきこと

(1)配管の固有振動数は、接続する回転機器が起こすと予想される振動数±20％に入らないようにする。

(2)振動が予想される配管には、枝管を補強板なしで主管に溶接する分岐など、応力集中が起こる管継手は、疲労破壊の可能性を排除する。

(3)疲労に弱いラップジョイント、スリップオンフランジ、ソケット溶接などを避け、完全溶け込み溶接継手（ウェルディングネックフランジ）を使用する。

(4)振動配管にばね式防振器を効果的に使用する。耐震用の防振器は振幅が小さく、高サイクルの振動に対しては効果がない。

(5)振動下で疲労による漏れや破断の可能性がある小径管のソケット継手は以下の措置をとることにより、その可能性を最小限にすることができる。

（イ）振動が予想されるドレン、ベント、圧力計用導圧管などの小径管は、その座の設置された主管からサポートをとる（座と管の溶接継手に曲げモーメントがかからないようにするため）。

（ロ）振動が予測されるラインは、機能上必要とするものより、厚め、太めの管を使用し（たとえば、最小厚さSch.80、最小径20 A、または25 Aとする）、管の剛性を高める。

1. 7. 3
圧力脈動と気柱共振

❶圧力脈動による振動

　遠心ポンプの場合、羽根車が舌部を通過するとき、圧力脈動が発生します（図1-7-7参照）、また往復動のポンプ、および圧縮機の場合は、ピストンが流体をシリンダから出口管へ押し出すとき、また吸込管ではピストンが空気をシリンダに吸い込むとき、それぞれ圧力脈動を発生させます。

　その振動数は、遠心ポンプの場合、羽根枚数×羽根車回転数〔rpm〕、往復動の場合は、ピストンの毎秒ストローク数〔Hz〕となります。

　圧力脈動が配管を振動させる力は、曲がり部、T、レジューサ部などにおいて、圧力脈動振幅ΔPが曲がり部の壁を周期的に押すことにより生じます。その力の大きさは管軸直角方向に投影した管内断面積Aに圧力脈動振幅ΔPを掛けた$\Delta P \times A$により与えられます（図1-7-7参照）。この周期的な力により、配管のフレキシビリティ（たわみやすさ）が大きい場合、配管は振動を起こします。

❷気柱共振と気柱固有振動数

　ポンプや圧縮機で作られた圧力脈動が配管に出て音速で配管内を伝播する**進行波**は、配管の閉止端（たとえば、閉止弁やオリフィスなど）、あるいは配管の開口端（タンクやヘッダなど大口径の容器や管への開口部、など）で反射し、**反射波**となります。進行波と反射波は重畳されて合成波をつくりますが、一般的には進行波と反射波は位相がずれて相殺しあい、合成波は最初の進行波

図1-7-7 ｜ 圧力脈動と配管に及ぼす力　　　　　　　　　　　　　　　　　　**図1-7-8** 一次の気柱共振

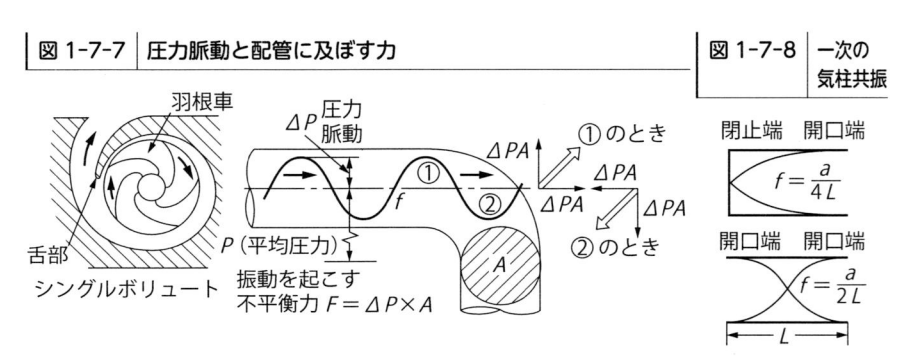

羽根車
ΔP 圧力脈動
①のとき
ΔPA
ΔPA
②のとき
P（平均圧力）
舌部
シングルボリュート
振動を起こす
不平衡力 $F = \Delta P \times A$

閉止端　開口端
$f = \dfrac{a}{4L}$

開口端　開口端
$f = \dfrac{a}{2L}$
L

を大きく上回るような振幅にはなりません。しかし、管の長さと圧力脈動の振動数が、配管の気柱固有振動数に等しくなったとき、波形が進行せず、止まって振動しているように見える**定在波**となり、かつ、進行波と反射波の脈動振幅が重畳し、増幅され、配管振動の起振力が増幅します。

　配管の気柱固有振動数は管の長さと流体の音速で決まり、開口端－開口端の管（例：ドラムからヘッダに至る管）、または閉止端－閉止端の管（例：小開口のオリフィスから閉止弁まで）の場合、次式によります。

$$f = n\frac{c}{2L_e} \qquad\qquad\qquad (式1.7.3)$$

　ここに、f：気柱固有振動数〔c/s〕

　　　　　n：整数（1、2、3、…）

　　　　　c：流体の音速〔m/s〕

　　　　　L_e：配管長さ〔m〕（開口端の場合、L_eは実際長さより若干長くなる）

　また、開口端－閉止端の場合（例：安全弁入口管、バイパス弁閉のバイパス管など）、気柱固有振動数は次式によります。

$$f = (2n-1)\frac{c}{4L_e} \qquad\qquad (式1.7.4)$$

　これらの振動モードのうち、一次のモードを**図1-7-8**に示します。

❸気柱共振の例、安全弁分岐管入口における気柱共振（図1-7-9）

　図1-7-9（a）、（b）のような安全弁分岐管入口の分岐入口部がシャープエッジのとき、主管の流れにより、分岐入口のエッジの部分で渦が発生します。この渦のサイクル数と開口端－閉止端である分岐管の気柱固有振動数がほぼ一致（20％以内）すると、一次の気柱共振が起きます（図1-7-9（c）参照）。

図1-7-9 ┃ 安全弁分岐管入口で起きる気柱共振

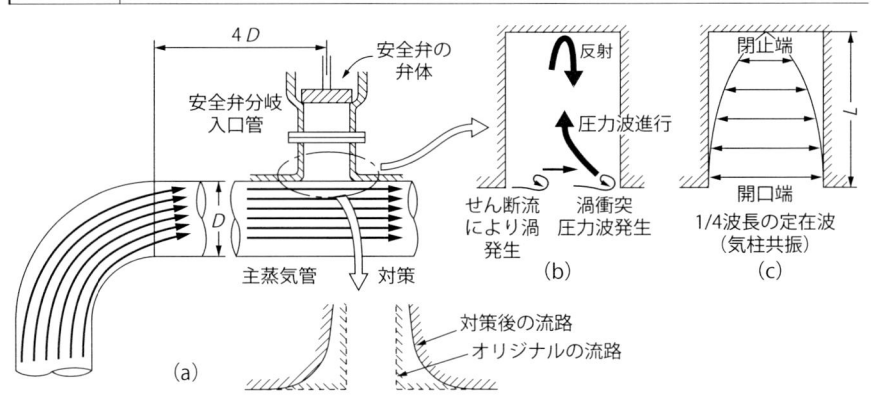

流力弾性振動と自励振動

❶流れが作り出す振動

　定常な流れの中に、断面が円形の棒状のものが突き出ていると、流れが棒に当たることにより、棒の直後に渦が発生し（**図1-7-10**）、渦発生ごとに圧力波を発生します。圧力波の振動数は次式で計算されます。

$$f = \frac{S_t V}{D} \ [\mathrm{Hz}] \tag{式1.7.5}$$

　ここにD：棒の外径〔m〕、V：流速〔m/s〕、S_t：ストローハル数（レイノルズ数で変わるが、0.2から0.5の範囲にある）。

　上式の振動数は対称渦（カルマン渦と呼ばれる）の場合で流れ方向の力を生じます。交互渦の場合は、流れ方向の力と流れに垂直方向の力とが交互にあらわれ、その周波数は（**式1.7.5**）の倍数となります。

　上記振動数が棒の固有振動数に一致すると、棒は共振し棒の振幅が増幅されます。カルマン渦などの発生による振動は、温度計ウェルのような流体中の障害物によって自然発生的に起き、棒の固有振動数に関係なく、（**式1.7.5**）の振動数を発生します。この振動は**流力弾性振動**、あるいは**流体励起振動**と呼ばれ、**❷**に述べる、振動するときかならず共振する**自励振動**と異なります。

　温度計用ウェルのようなものに対し、共振を避ける具体的な方法について

図 1-7-10　温度計用ウェル下流にできる渦

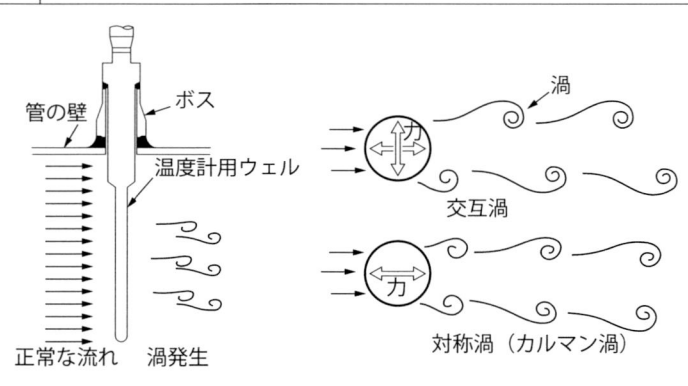

は、文献❹などを参照願います。

❷自励振動

　自励振動は、通過する流体を含め、被振動体の周囲に振動する要素がないのに、振動が起こる現象です。一般には、被振動体がなんらかの原因で動くと、その動きを契機とし、被振動体の動きにより流体からエネルギーを取り入れ、流速、被振動体の形状、弾性（ばね）力、慣性力、などを重畳させて振動エネルギーを生み出し、振動を永続的に継続させるものです。そして、振動数は常に被振動体系の固有振動数であるのが自励振動の特徴です。

　配管装置で起こる自励振動としては、弁体がパラボリック（放物線）形状に近い玉形弁の微開時における弁体の振動、バタフライ弁の全開付近における弁体の振動（フラッタ）、などがあります。

❸自励振動のメカニズムの例

　図1-7-11は配管ではありませんが、自励振動メカニズムの代表的な例です。

　風のあたる側の断面が半円の、ある程度長い棒が棒の上下に取り付けられたスプリングにより水平に保持されています。半円の棒に左から風が当たった状態で、何かの拍子に棒が上へ動いたとします。すると図に示すように、半円の上部の流速が下部の流速より速くなるため、ベルヌーイの定理により棒の上部の圧力が下がり、揚力を発生、棒を上へ引き上げ、継続的に揚力を発生します。棒が上へ移動するにつれ、スプリングによる下向きの力が増加し、棒の上昇速度が鈍り揚力が消失し、上向きの慣性力も失われたところで、棒は蓄えられたスプリングの力で下方へ動き始めます。図1-7-11の右図のように、位相が（π/2）ずれている揚力とスプリング力、それに慣性力を加えて、棒は以後、スプリング・半円の棒系の固有振動数で上下に振動を繰り返します。

図 1-7-11 ｜ 自励振動のモデル

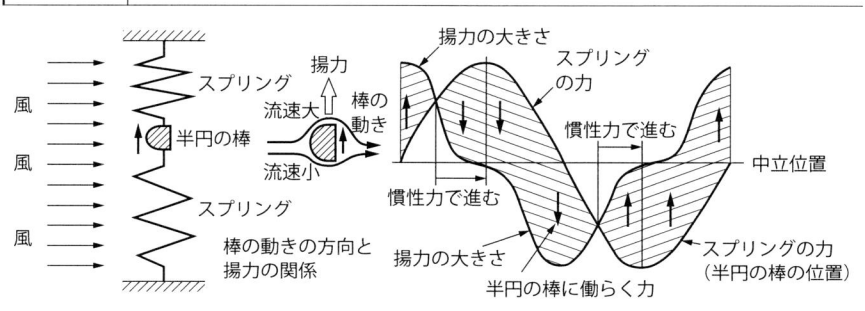

1. 7. 5
流速変化による水撃

　ここで扱う過渡的な流れは、流速や圧力が急激に変化する流れです。これらの急変は配管や、配管が接続する機器に衝撃的な力を及ぼし、配管、サポート、機器などを損傷することがあり、この現象は水撃、またはウォータハンマと呼ばれます。水撃の代表的な3つの原因を説明します。

❶液体の急激な流速変化による水撃

　流体が液体の場合に、流速の急変により水撃を発生し、瞬間的に過大圧力と力を発生するものです。その発生過程と圧力の上昇値を説明します。

　例として、水槽出口の管において（管内運転圧力Pとする）、水槽からL〔m〕下流の、開いていたバルブを急閉するとき、流れがせき止められることにより発生する圧力波の大きさを求めます。圧力波は流体中を流体の音速で上流へ伝播し、管の水槽への開口部で反射し、減衰しつつバルブへと戻り、また反射して水槽へ向かいます。これを減衰しながら繰り返し、消滅します。

　バルブが瞬時閉、あるいは全閉までの閉鎖時間が$2L/c$〔s〕以下であれば、水撃時の圧力の増分は、

$$\Delta H = \frac{c \cdot \Delta V}{g} \quad \text{または、} \quad \Delta P = \rho \cdot c \cdot \Delta V \tag{式1.7.6}$$

で計算されます。この式はジョウコスキー（Joukowsky）の式と呼ばれます。

　　ここに

　　ΔH：圧力波による水頭の増分〔m〕、ΔP：圧力波による圧力の増分〔Pa〕

　　ρ：流体の密度〔kg/m^3〕、c：流体の音速〔m/s〕

　　ΔV：バルブ全閉による流速の変化量〔m/s〕、g：重力の加速度〔m/s^2〕

　ΔPは通常運転圧力に対するバルブ急閉時の増分であり、上式が示すように流体密度、流速変化量、音速に関係します。（式1.7.6）には流体の音速が入っているので、ΔPは一般に非常に大きな圧力となります。

　バルブの全閉に要する時間が圧力波の往復時間より長い場合、圧力波の圧力上昇は緩和され、**アリエヴィ**（Allievi）の式で計算できます。式は2.2.7項の❸を参照願います。

❷液柱分離で生じたボイドが潰れるときの水撃（図1-7-12）

このタイプの水撃は次のようにして発生します。定常的に流れている液体の流体が、上流のポンプが急停止したときや、上流のバルブが急閉されたとき、水平管を流れている液柱は、ポンプ（または、バルブ）直後では急速に減速しますが、より下流側の液柱は慣性力で流れ続けます。そのため2つの液柱の境界付近で圧力が下がり、水の飽和圧力以下（負圧）になると、境界付近の水はフラッシュしてベーパ化し、ボイド（空間）を形成し**液柱分離**を起こします（図1-7-12の①）。この負圧と管出口の大気圧との差圧により、下流側液柱が上流へ向かって逆流を開始します（同図②）。逆流によりボイド部が圧縮され、飽和圧力を回復すると、ベーパが水となりボイドが一瞬で潰れ、上流と下流の液柱同士が**再結合**し、その衝突で水撃が発生します（同図③）。

❸蒸気凝縮によるボイド消滅で起こる水撃（図1-7-13）

閉鎖空間にある蒸気が周りの冷たいドレンや管壁と接触、放熱により、瞬時に液化し、瞬時に空間が消滅するとき起こる水撃が**蒸気凝縮ハンマ**です。

勾配配管に冷たいドレンが滞留しているところへ、左から熱い蒸気が流入する場合、蒸気は管の上部に入り込み、冷たいドレンと管壁から冷却され放熱します（図1-7-13の①）。管内圧力の飽和温度まで冷えた蒸気の部分は、凝縮してドレンになり、その部分の体積はほぼ0に近くなります。そのため、消滅した空間を埋めるため、管の左からは蒸気が右方向へ高流速でどんどん入っていきます。この風によりドレン表面に波が立ち、立った波によって蓋をされた閉塞空間ができ（同図②）、凝縮でこの閉鎖空間が一気に潰れるとき、ドレンが左右から潰れた空間を埋めるべくダッシュし、液柱同士が衝突し水撃を起こします（同図③）。これが蒸気凝縮ハンマで、非常に強力な水撃現象となります。

図1-7-12	液柱再結合による水撃	図1-7-13	蒸気凝縮ハンマ

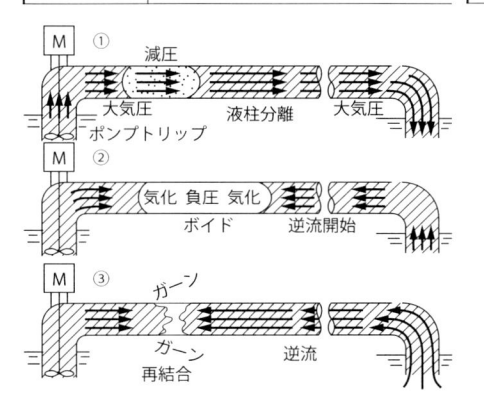

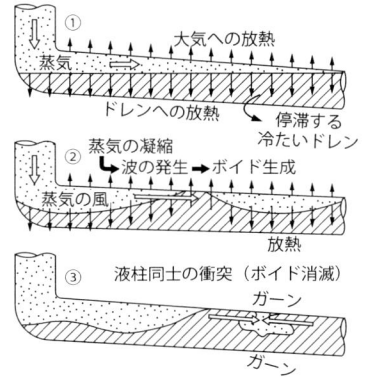

1. 8. 1
管材料のミニ歴史

❶水路の時代

　配管の歴史も、ほかの機械と同じように、産業革命の前と後で大きな変革がなされました。産業革命以前は、流体はもっぱら自然にある水でした。水の輸送は、多くは水面のある流れ、すなわち地形の高低差を利用して流すものでした。

　産業革命以前の特筆すべき配管技術として、古代ローマ帝国の水道を挙げることに異論はないでしょう。ローマ帝国時代のローマ市の水道は、紀元前312年の**アッピア水道**に始まり、AD226年の帝国最後のアレッサンドリーナ水道までに、計11本の水道が敷設されました。ローマ帝国はAD400年代後半まで存続しましたが、帝国は存在しても、ローマ水道のような大規模な国家的プロジェクトは、帝国の国力が十分に盛んなときでなければ、無理であったでしょう。

　ローマ水道の開水路（水面のある流れ）は、岩石製で、石灰岩や花崗岩が使われました。導水部のサイズは、高さ1.5〜2.4 m、幅0.6〜1.8 m程度でした。

　谷や窪地を越える際に、橋を架けるには深過ぎたり、広すぎる場合は、**逆サイホン**という、側面がU字状の配管でいったん谷に下りて谷を越えました。この配管は圧力配管となり、最大50 m程度の静水頭があったと推定されます。

　圧力配管の材料は岩石、煉瓦(レンガ)、鉛が使われました。石造製の典型的な外形寸法は、高さ、幅がともに800 mm、奥行500 mmで、管の接続は凸型と凹形の合わせ面を、生石灰にオリーブ油を混ぜたものを挟み、張り合わせました（**図1-8-1 (a)**）。鉛管は、溶かした鉛（融点328℃）を板状の平らなものの上に流し込み、厚さ6.3 mmの鉛板を造り、これを木の丸棒に巻き付けて管状にします。そして、長手方向の合わせ目を溶けた鉛でシールしました（図1-8-1 (c)）。

　古代ローマの文明は、帝国の崩壊とともに失われ、文芸の復興は14世紀にイタリアで始まったルネッサンスの時代、そして技術的な変革は18世紀後半の産業革命まで待たねばなりませんでした。ローマ時代以降の技術の進歩はきわめて遅く、この間、流体（産業革命までは水であった）の輸送に使われた管の主な材料は、ローマ時代からの石材、木材、鉛管（鉛管は近代に至るまで使われた）に鋳鉄を加えた程度でした。

　鋳鉄管の記録としてもっとも古いものは、ドイツ、ディルレンブルグ城の給

水管で1455年に鋳造され、約200年間使用されたという記録が残っています。その後、1668年に完成したセーヌ河畔のマルリーの丘からベルサイユ宮殿の噴水までの24 km、口径150 mmの鋳鉄管があり、これは今も使われています。

❷鋼管の時代

18世紀後半になって産業革命が英国で起こりました。1769年、ワットが蒸気機関（定置型）を発明、ついで、スチーブンソンが、移動可能な蒸気機関を発明、交通機関に適用されるようになりました。蒸気の圧力、温度は次第に上昇し、圧力に耐える管の必要性に迫られました。当時は鋳鉄管と、鉄板を巻いて端部を加熱、圧接した鍛接管が主流でしたが、破裂事故が多発していました。シームレス鋼管はビレットをプレスで穴を開けたのち、長く（細く）、薄く、圧延（引き延ばす）して管を製作していましたが、非常に非能率的でした。

1886年、ドイツのマンネスマン兄弟が、**図1-8-2**に見るような、互いに傾斜し、同じ方向に回転する一対のロールの間に、熱した丸鋼を軸方向に装入すると、丸鋼は回転しながら前進し、丸鋼の径は細くなりますが、中央に不定形な穴が開くことに気付きました。この丸鋼の出口側にプラグを置いて孔を大きくするようにしたのが、当時、世間を驚かせた**マンネスマンの穿孔法**です。実際には、この穴の開いた丸鋼にマンドレル（棒状のもの）を差し込んだものをピルガー・ミルという圧延機で厚さを薄くし、形を整へ、長く引き延ばすことにより、実際に使える管となります。この方法により、継ぎ目なし鋼管の大量生産が可能となり、現代に至る鋼管時代への幕が開きました。

図 1-8-1 古代ローマ時代の圧力配管

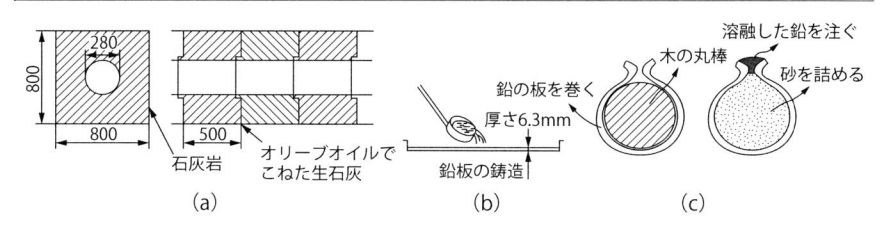

(a)　　　　　(b)　　　　　(c)

図 1-8-2 マンネスマンの継目なし管

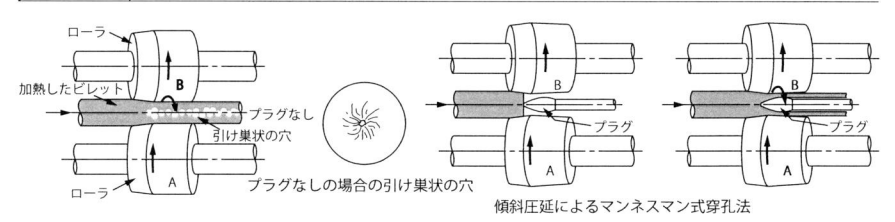

1. 8. 2
流体輸送用鋼管

流体輸送用管（パイプ）の用途は広範囲にわたるので、管が使用される環境条件や管に要求される仕様はきわめて多様となり、それらの条件を満たすべくさまざまな材質、製法、熱処理、試験をされた管が生産されています。

❶炭素鋼鋼管（表1-8-1）

炭素以外に合金成分の入らない炭素鋼鋼管は、一般に温度圧力の使用条件に対し、**図1-8-3**のような範囲で使われます。炭素鋼の場合、427℃以上で長時間使われると、含まれる炭素（強度に関係がある）が黒鉛化し脆くなるので、長時間にわたる使用範囲は425℃あるいは450℃となります。この温度範囲の水、蒸気、空気、油、などの流体に対し、腐食、侵食をあまり気にする必要がない場合、コスト面から、炭素鋼鋼管の中から鋼種が選ばれます。

10 bar以下、350℃以下でかつ、重要でない配管の小・中径管にはJIS G 3452配管用炭素鋼鋼管（SGP）が、大径管にはJIS G 3457配管用アーク溶接炭素鋼管（STPY）が使用されます。これら鋼種は、基準や契約仕様書などで、使用制

表1-8-1 ┃ 配管用炭素鋼鋼管の冶金学的特徴

JIS番号	記号	特　徴
G 3452	SGP	リムド鋼、成分規制はP、Sのみ。品質水準がもっとも低い管
G 3454	STPG	キルド鋼の指定がない
G 3456	STPT	キルド鋼。高クリープを考え、Siキルドの粗粒組織
G 3455	STS	キルド鋼。Al-Siキルドの整細粒組織。350℃以上使用不可
G 3460	STPL	低温脆性改善のため、Alキルドによる細粒組織

図1-8-3 ┃ 圧力－温度に対する炭素鋼鋼管の選択例

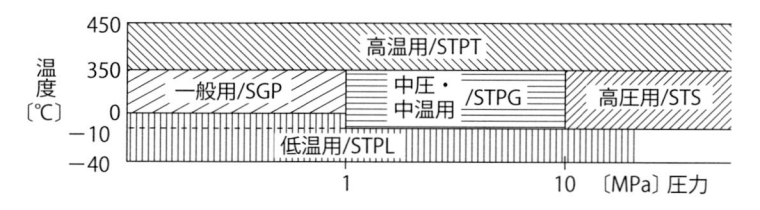

限の範囲が異なることがあるので、事前に確認しておく必要があります。

　上記条件を除く配管用の小、中径管（一般に400A程度まで）には、JIS G 3454圧力配管用炭素鋼管（STPG）、JIS G 3455高圧配管用炭素鋼管（STS）が、また、350℃を超え450℃以下に対しては、粗粒組織（高温強度がある）のJIS G 3456高温配管用炭素鋼管（STPT）が使われます。鋼板を巻いて作る炭素鋼や低合金鋼の大径管のJISはJIS G 3457しか存在しないので、JPI-7S-14か、ASTM規格の管を使用します。

❷低合金鋼鋼管

　Cr（クロム）とMo（モリブデン）は耐食性と高温強度に有効な合金成分で、炭素鋼にこれら成分を配した管用鋼種に、表1-8-2に示すG 3458配管用合金鋼管（STPA）があります。合計合金成分が10％以下のものを、低合金鋼と呼んでいることが多いようです。これらの特徴や主な用途は次のとおりです。

　STPA23、STPA24、STPA25はCrが1％以上含まれ、炭素鋼より耐食効果があります。STPA23、STPA24などは高温用に多く使われますが、近年火力発電プラント高効率化に伴い、主蒸気温度が600℃前後となり、そのため新たに開発された、より高温強度のある9Cr鋼の火STPA28、火STPA29などが使われるようになりました。頭に火のついた材質は、火力発電用に開発された材料で、JISにありませんが、火力発電用に使えるようにしたものです。

❸ステンレス鋼管

　ステンレス鋼は11％以上のCrを含む合金で、耐食性、高温強度、極低温靭性に優れたものがあり、Cr-Niを含むオーステナイト系とCrのみを含むフェライト系とマルテンサイト系の3種類があります。

　Cr18％、Ni 8％を含むオーステナイト系（"18-8ステンレス鋼"と略称される）のSUS304系、SUS316系は金属表面にイオンの侵入を防ぐ不働態皮膜があるので、耐食用として使われ、また極低温における靭性に優れるので液化石油ガスや液化天然ガスなどの極低温用として使われます。

| 表 1-8-2 | 主な低合金鋼管の使用温度 |

材料記号	主要成分	使用温度〔℃〕	材料記号	主要成分	使用温度〔℃〕
STPA12	0.5Mo	400〜460	STPA24	2.25Cr-1Mo	500〜575
STPA20	0.5Cr-0.5Mo	450〜520	STPA25	5 Cr-0.5Mo	耐食用
STPA22	1Cr-0.5Mo	450〜550	火 STPA28	9 Cr-1Mo, Nb-V	525〜600
STPA23	1.25Cr-0.5Mo	450〜570	火 STPA29	9 Cr-1.8W	550〜625

ダクタイル鉄管

❶ダクタイル鉄管の特徴、製法

鋳鉄管にはかつて普通鋳鉄管と高級鋳鉄管がありましたが、現在生産されている鋳鉄管は、もっぱらダクタイル鋳鉄管で、ダクタイル鉄管とも呼ばれます。鋳鉄管は鋼管よりも土中の耐食性に優れていますが、金属中に多数含まれる切片状の黒鉛のために、靭性がなく脆いという欠点がありました。

1948年に黒鉛を球状化する技術が開発され、鋳鉄の耐食性を維持したまま、靭性を大幅に改善したダクタイル鉄管が生まれました。高速回転する鋳型に溶解した鉄を注入し、遠心力を利用して製造されます。種類としては、JIS G 5526FCD（420-10）があります。

表1-8-3に、ダクタイル鉄管と鋼管の機械的性質の比較を示します。

継手には、可撓性のある各種のメカニカルジョイント（直管端部の接合形式に12種類ある）が採用され、ダクタイル鉄の土中における耐食性が鋼管よりよいので、埋設される導水管に使われます。

❷ダクタイル鉄管の強度

ダクタイル鉄管の引張強さに対する許容応力の安全係数（安全率）は、一例として（鋼管の安全係数）×（1/0.85）をとります。すなわち、鋼管の安全係数が3.5の場合は3.5×（1/0.85）＝4.2となります。

ダクタイル鉄管のサイズは、JIS G 5526およびJWWA B 113（水道用ダクタイル鋳鉄管）の規格において、一種管（D1）、二種管（D2）、三種管（D3）、

表 1-8-3 | ダクタイル鉄管と鋼管の機械的性質の比較

	ダクタイル鉄管 JIS G 5526 FCD（420-10）	鋼管 JIS G 3455 STPG410
引張強度〔MPa〕	420以上	410以上
降伏点	―	245以上
伸び〔%〕	10以上	19以上
ヤング率〔MPa〕	$1.5 \sim 1.7 \times 10^5$	2×10^5
硬さ　ブリネル	230以下	140以下

〔注〕ダクタイル鉄管のデータは日本ダクタイル鉄管協会資料 T-26 による。

四種管（D4）などの管種により決められており、もっとも厚いのは一種管です。

　管厚さの選択は、埋設管路の場合、内圧（静水圧＋水撃圧）と外圧（土圧＋路面荷重）に十分耐えられる管厚（管種）を選びます。管厚を選定するには、JWWA G113・114の解説に記載されている「管厚計算式」または「管種選定表」によります。

　水道用ダクタイル鋳鉄異形管はJWWA B 114に定められています。

❸ダクタイル鉄管の内・外面の処置

　内面は必要に応じ、セメントライニング、エポキシ樹脂粉体塗装などが用いられます。外面は、耐食性があるので、腐食性土壌（海浜地帯や埋立地域、粘土質、腐葉を多く含む土壌、等々）ではポリエチレンスリーブで保護する必要がありますが、それ以外では特に必要としません。

　鋳鉄が鋼にくらべて腐食しにくいのは、鋳鉄の成分として炭素およびケイ素が数％含まれるためと言われ、また、鋼の電気抵抗$10\sim20$ $\mu\Omega\cdot cm$に対し、ダクタイル鉄は$50\sim70$ $\mu\Omega\cdot cm$［出典：日本ダクタイル鉄管協会資料T-26］と電気抵抗が高いため電流を通しにくく、そのため電気化学的腐食の影響を受けにくいことがあります（121頁：「知って得する知識」参照）。

❹ダクタイル鉄管の推力防止の措置

　ダクタイル鉄管にメカニカルジョイントを使用するときは、内圧による推力により、管端部が抜け出さないように、推力を受けるものが必要です。図1-8-4は曲がり部の推力を防止するため、曲がり管と継手部を一体にしてコンクリートで巻き、このコンクリートブロックが受ける土圧によって、推力に対抗するものです。図1-8-5は、推力防止装置付きの継手の例を示しています（日本ダクタイル鉄管協会資料T-26より）。

図 1-8-4	コンクリートにより推力を受ける方法

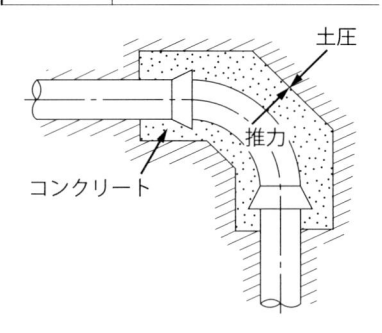

図 1-8-5	推力防止装置つき継手

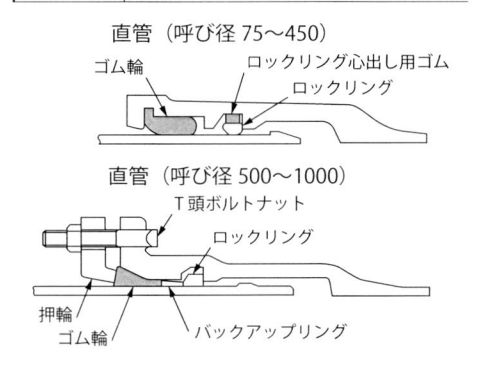

直管（呼び径 75〜450）
ゴム輪　ロックリング心出し用ゴム　ロックリング

直管（呼び径 500〜1000）
T頭ボルトナット　ロックリング
押輪　ゴム輪　バックアップリング

プラスチック管

❶プラスチック管の概要

　プラスチック（合成樹脂）は比較的歴史が浅く、配管材料として使われ出したのも比較的最近のことですが、現在では、低圧で、常温、温水配管に幅広く使われており、今後も適用範囲を広げていくものと考えられます。

　プラスチック管は物性などの観点から、次の2つに大別できます。

　熱硬化性プラスチック：当初分子量がさほど大きくない分子が、加熱により流動化し、分子間で化学反応が起こり、高分子化合物となり、いったん高分子化合物となると、再び熱を加えても流動化しない、これを熱硬化性プラスチックといい、エポキシ樹脂、ポリエステル樹脂が該当します。熱硬化性プラスチックは、塗料や接着剤といった原材料としての使用が中心となりますが、管としては、ガラス繊維や炭素繊維と合体させたFRPがあります。

　熱可塑性プラスチック：長い線状の高分子からなり、加熱すると軟らかくなり、冷却すると硬くなる可逆の性質を持ちます。したがって、温度が少し高くなると強度が下がります。管用に使われるものに、塩化ビニル（PCV）、ポリエチレン、ポリプロピレン、などがあります。

　FRP：熱硬化性プラスチック、または熱可塑性プラスチックに補強材として、ガラス繊維や炭素繊維を入れたものは、FRP（Fiber Reinforced Pipe）と呼ばれます。FRPはプラスチック単独のものより、機械的強度に優れています（1.8.5項参照）。

　以下に、代表的なプラスチック管について説明します。

❷PVC管（塩化ビニル管）

　PVC管の原料はポリ塩化ビニルで、塩化ビニルを重合したものです。管は押出し加工法により製造されます。PVC管の規格にはJIS（日本工業規格）、JWWA（日本水道協会規格）、AS（塩化ビニル管・継手協会規格）があります（**表1-8-4**）。JIS規格には、K 6741硬質ポリ塩化ビニル管とK 6742水道用硬質ポリ塩化ビニル管とがあります。K 6741は水道用も含み、表1-8-4に示すように用途に5種類あり、接続は接着式です。K 6742は水道用で、接続はゴム輪式です。JWWA（日本水道協会）規格のK129は、水道用で接続がゴム輪式

のもので、実質的にJIS K 6742と同じです。

AS（塩化ビニル管・継手協会）規格は、JIS、JWWAの、径の大きい管サイズ（200、250、300）を補完するもので、AS20はK 6742を、AS30はK 129を補完しています。

他にCPVC（塩素化硬質塩化ビニル）があります。色は茶色（PVCはグレー、40℃以下）で40〜80℃に使用できます。

❸ポリエチレン管

ポリエチレンはその密度により**高密度**（HDPE）、**中密度**（MDPE）、**低密度**（LDPE）があります。一般に密度が高くなると、剛性、強度が大きくなり、密度が低くなると、靭性、伸びが大きくなります。また、強度の程度を表すグレードは強度の高い順にPE100、PE80、PE50となります。水道用にはHDPE/PE100、都市ガス用にはMDPE/PE80が使われます。PE100とは、20℃で50年間管が破壊しない一定応力値が10.0 MPa以上であることが証明されたポリエチレン材料のことです。規格には、JIS K 6761一般用ポリエチレン管（単層で、水道用途を除く）とJIS K 6762水道用ポリエチレン2層管、JWWA K144水道配水用ポリエチレン管があります。

単層は塩素を含まない水用に、**2層**は、内層が塩素水に耐性のあるナチュラルポリエチレン（カーボンブラックを含まない）、外層が耐候性のカーボンブラック配合のポリエチレンとなっています。水道水は塩素を含むので2層を使用します。また、各規格において、伸びの大きさにより、1種管、2種管、3種管に分類されています。

ポリエチレン管は伸びが大きいので、埋設管に使うと地震に強いことが実証されており、水道用のほかに、0.3 MPaの都市ガス管に使われています。

表 1-8-4　塩ビ管の規格と種類

種類	記号	使用圧力 MPa（参考）	接続形式				
			JIS K 6741	JIS K 6742	JWWA K129	AS20	AS30
硬質ポリ塩化ビニル管	VP	0〜1.0	接着	ゴム輪	ゴム輪	接着	ゴム輪
	VW	0〜0.8	接着				
	VU	0〜0.6	接着				
耐衝撃性硬質ポリ塩化ビニル管	HIVP	0〜1.0	接着	ゴム輪	ゴム輪	接着	ゴム輪
建物内排水用硬質ポリ塩化ビニル管	IDVP	0	接着				
埋設排水用硬質ポリ塩化ビニル管	ISVP	0	接着				
水輸送用硬質ポリ塩化ビニル管	IWVP	0〜1.0	接着				

1.8.5
FRPと被覆鋼管

❶FRP（GRP)

　FRP（Fiber reinforced pipe）は、不飽和ポリエステルやエポキシ系樹脂などの熱硬化性樹脂（熱可塑性樹脂のものもある）に補強材として、引張強度の高いガラス繊維、または炭素繊維を管にスパイラル状に編み込んだものです。

　〔注〕米国、カナダではFRPと呼ばれ、それ以外の国ではGRP：Glass fiber
　　　　reinforced pipeと呼ばれます。また、ガラス繊維を用いたものをGFRP、
　　　　炭素繊維を用いたものをCFRPとして区別することもあります。

　代表的な製法である「フィラメント巻取り法」（Filament winding process)は、図1-8-6に見るように、管の型となるマンドレルのまわりに、樹脂に浸漬したガラス繊維の束（フィラメント）をらせん状に巻き付けていくことにより、管を形成していきます。管の長手軸と繊維束のなす角度は、周方向強度と長手方向強度が最適となる角度に設定されます。

　耐圧強度を上げるには、繊維の巻き数を増やし、管を厚くします。FRP管はほかのプラスチック管に比し、非常に高強度で、かつ弾力性に富んでおり、腐食にも強いので、特に埋設管には適しています。

　外国では河川水や海水用の大径の冷却水管、導水管などによく使われています。

❷被覆鋼管

　強度、靭性のある鋼管の内面あるいは外面に、耐食性のある有機質のプラス

図1-8-6 ┃ FRP管のフィラメント巻取り法による製造

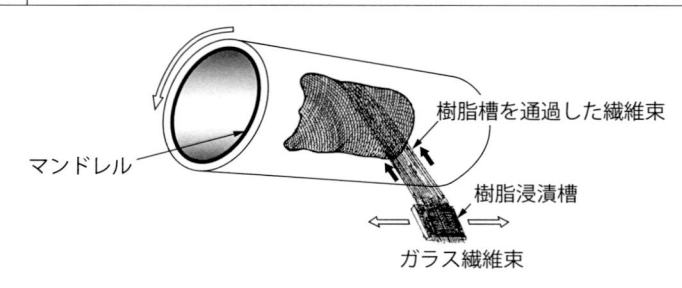

チックあるいは無機質のセメントを被覆、またはライニング（内張）したものが被覆鋼管（塗覆装鋼管ともいう）、またはライニング鋼管です。

　内外面ともにかつては防食用として、エポキシ樹脂にタールを混合した**タールエポキシ塗料**が広く使われてきましたが、近年、環境・衛生面や作業面から、タールを含まない塗料に移行してきています。

①内面被覆鋼管

　管の内側の被覆の目的は、流体による管内面の腐食を防止するのが一般的な目的で、ポリエチレン、エポキシ樹脂、ガラスフレーク入り樹脂、およびモルタルライニングが管の材質や使用環境に応じて使われます。絞り弁下流のキャビテーション・エロージョンを防ぐのに、ゴムライニングをする場合もあります。

(1)**ポリエチレン**：主に HDPE（1.8.4項❸参照）と LLDPE（LDPE の柔軟性を持ちながら、強度が高い）が使用されます。ライニング方法には押出し機により加熱溶融したポリエチレンを押し出し被覆する方法、粉体のポリエチレンを予熱した鋼管の熱で溶融させる方法、他があります。流体の使用可能温度は-30〜＋60℃です。厚さはサイズによって異なりますが一般に1〜1.5 mm 以上です。

(2)**エポキシ系樹脂**：エポキシ塗料には溶剤形、低溶剤形、無溶剤形があり、塗膜厚さは一般に0.3 mm ですが、長寿命形は0.6 mm となります。エポキシ樹脂やビニルエステル樹脂（変性エポキシ樹脂の一種）に切片状のガラスフレークを混入したものは、多数のガラスフレークが水の浸透して行く先を阻み、水が浸透し難くする効果があります（塗膜厚さは0.5 mm 以上）。

　下水道、工業用水道、農業用水道用に、JIS G 3443-4-2014「水輸送用塗覆装鋼管−第4部：内面エポキシ樹脂塗装」があります（上水道は含まれません）。

(3)**モルタルライニング**：セメントと砂に少量の水を混ぜたもので、ダクタイル鉄管の直管内面に使われます。厚さは口径により、4〜15 mm 程度です。

②外面被覆鋼管

　管の外側の被覆の目的は、埋設管において、管の腐食防止、小石などにより管外面が傷つくのを防止、することなどです。

　管外面の塗覆装には、ポリエチレンやポリウレタンが使われます。

　上水道、工業用水道、農業用水道、下水道などの水輸送用塗覆装として、JIS G 3443-3-2014「水輸送用塗覆装鋼管−第3部：長寿命形外面プラスチック被覆」があります。塗覆装の厚さは、Ⅰ形2 mm、Ⅱ形3 mm となっています。

管継手、バルブ類の材料

　ここでは、鋼管と組み合わせて使われる鋼製の管継手、バルブの材料について説明します。もっぱら圧延によって製造される鋼管と異なり、管継手、バルブ類の材料は、サイズ、厚さ、形状、コストなどにより、圧延、鍛造、鋳造、そして溶接組立てなど、によって造られます。一般に管継手、バルブの材料は、接続する鋼管と組成成分、機械的性質が同じ材料が選択されますが、材料の製法が異なると材料記号が変わります。

　管継手、バルブにどんな材料が使われるべきかを知るには、接続する鋼管の

表 1-8-6 | JIS 材料のファミリーリストの例

分類	管	管継手	小物鍛造	鍛造品	鋳造品
炭素鋼① SGP 系	SGPW	FSGP			
	SGPB				
	STPY400	PY400	PS370	SFVC2A	SCPH2
炭素鋼② STPG 系	STPG370	PG370			
炭素鋼③ STS 系	STS370	PG370			
	STS410	STS410			
	JPI-2-SM400B	PG370W			
炭素鋼④ STPT 系	STPT370	PT370	PT370		
	JPI-2-SM400B	PT370W			
	JPI-2-SB410	PT370W			
低温用鋼	STPL380	PL380	PL380	SFL2	SCPL1
	JPI-2-SLA325A	PL380W			
1.25Cr-0.5Mo 鋼	STPA23	PA23	PA23	SFVAF11A	SCPH21
	JPI-2-SCMV3	PA23W			
2.25Cr-1Mo 鋼	STPA24	PA24	PA24	SFVAF12A	SCPH32
	JPI-2-SCMV4	PA24W			
SUS304系鋼	SUS304TP	SUS304	SUS304	SUSF304	SCS13A
	SUS304TPY	SUS304W			
SUS316系鋼	SUS316TP	SUS316	SUS316	SUSF316	SCS14A
	SUS316TPY	SUS316W			

材料を確認し、当該管継手、バルブの材料の製法を選択し、鋼管とほぼ同じ組成成分、同じ機械的性質をもった鍛鋼なり、鋳鋼なりの材料を選択します。

そのようにして材料を選択した、「材料ファミリーリスト」とも呼ぶべき表を準備しておくと便利です。表1-8-6はJIS材料のファミリーリストの例です。

表の左端は材料の分類でファミリーネームともいうべきものです。その右はファミリーの代表、あるいは親ともいうべき、鋼管の材料記号です。その右の管継手は50 A、または65 A以上の、主に突合せ溶接用管継手の材料で、これらは鋼管あるいは鋼板を素材として、さらなる圧延や溶接により所定の形状に成形されます。これらは、素材である鋼管に近い材料記号をしています。その右、小物鍛造は両端がソケットやねじ継手の小物の管継手などの材料です。次の鍛造品、鋳造品は、小物鍛造より大きな、バルブ、スペシャルティ、特殊管継手、などの材料で、信頼性（一般に鋳造品より鍛造品の方が信頼性が高い）、コスト、メーカの製造設備などで、鍛造か鋳造かが分かれます。

表1-8-7にはASTM（米国）材料のファミリーリストの例を示します。表の構成は、JISの場合と同様になっています。

表 1-8-7 ASTM 材料のファミリーリストの例

分類		パイプ	管継手	鍛造品	鋳鋼品
炭素鋼		A53 Gr.B	A234 Gr.WPB	A105	A216 Gr.WCB
		A106 Gr.B	A234 Gr.WPB W		A216 Gr.WCC
		A672 Gr.60 Cl.11			
低温用炭素鋼		A333 Gr.6	A420 Gr.WPL6	A350 Gr.LF2 Cl.1	A352 Gr.LCB
		A671 Gr.CC60	A420 Gr.WPL6W		A352 Gr.LCC
低合金鋼	1.25Cr-0.5Mo	A335 Gr.P11	A234 Gr.WP11 Cl.1	A182 Gr.F11 Cl.2	A217 Gr.WC6
		A691 Gr.1¼CR	A234 Gr.WP11 WCl.1		
	2.25Cr-1Mo	A335 Gr.P22	A234 Gr.WP22 Cl.1	A182 Gr.F22 Cl.2	A217 Gr.WC9
		A691 Gr.2¼CR	A234 Gr.WP22 WCl.1		
SUS	SS304	A312 Gr.TP304	A403 Gr.WP304	A182 Gr.F304	A351 Gr.CF8
		A358 Gr.304Cl.1	A403 Gr.WP304 W		
	SS316	A312 Gr.TP316	A403 Gr.WP316	A182 Gr.F316	A351 Gr.CF8M
		A358 Gr.316Cl.1	A403 Gr.WP316 W		

備考 Gr.：Grade,（材質強度の等級を表す）Cl：Class(課せられる熱処理の種類、放射線透過試験の要否、耐圧テストの要否 をクラスで表す)
SUS は：ステンレス鋼を意味する。W：鋼板を溶接して造られる。

配管コンポーネントの成立ち

❶配管コンポーネントとは

　配管を構成する要素を配管コンポーネントと言います。配管コンポーネントはバルク材、特殊材（スペシャルティ）に分けられます。

　バルク材は、ライン、箇所を特定せずに使用できるコンポーネントで、管、管継手、一般弁などがあります。特殊材（スペシャルティ）は、ある特定のライン、特定の箇所にのみ使用できるコンポーネントで、特殊弁（電動弁、調節弁、その他、特に高圧、大径の弁など）、ストレーナ、スチームトラップ、破裂板、サイトグラス、ハンガ・サポートなどがあります。

　配管コンポーネントを目的別、あるいは用途別に分類すると、次のようになります。

- 配管ルートを形作るもの：管、エルボ、スムースベンド、マイタベンド、T、レジューサ、キャップ、など。
- 流れの開・閉、調節を行うもの：各種バルブ、調節弁、安全弁、破裂板など
- 流れの中の異物を除去するもの：ストレーナ、フィルタ
- 流体を選別して流すもの：スチームトラップ、エアトラップ
- 流れの状態を知るためのもの：各種計測装置、サイトグラス
- 配管を支持するもの：各種サポート、防振器、レストレイント
- 流体の熱の伝導・伝達を抑制するもの：保温材、断熱材

❷JISにある配管コンポーネントと耐圧強度

　上掲の配管コンポーネントには、次のようなJISが制定されています。一つの範疇で多数あるものは代表的なもので示しました。

- **管**：JIS G 3452 配管用炭素鋼鋼管、JIS G 5526 ダクタイル鋳鉄管、JIS G 3443 水輸送用塗覆装鋼管、JIS K 6741 硬質ポリ塩化ビニル管、など多数。
- **管継手**：JIS B 2220 鋼製管フランジ、JIS B 2301 ねじ込み式可鍛鋳鉄製管継手、JIS B 2312 配管用鋼製突合せ溶接式管継手、他多数。
- **バルブ**：JIS B 2002 バルブの面間寸法、JIS B 2003バルブの検査通則、JIS B 2005工業プロセス用調節弁、JIS B 2071鋼製弁、その他、多数あり。
- **ストレーナ**：舶用の油こし（ストレーナ）にJISがありますが、それ以外の

産業、たとえば、プラント用のストレーナなどはJISがありません。

- **スチームトラップ**：JIS B 8401 蒸気トラップ。
- **破裂板**：JIS B 8226　破裂板式安全装置。
- **サイトグラス、サポート**：JISに制定されていません。

そのプラントが従うべき基準あるいはcodeにおいて認められているJIS（あるいはASME）の管継手は、管の強度が基準による計算を満足していれば、その管に接続する同径、同厚さ、同相当材質の管継手の耐圧強度の計算は不要となります。それはこれら管継手がJIS認可工場において、管の耐圧強度以上の強度のあることを実証しているからです。またバルブ、フランジもJIS（ASME）の**圧力−温度基準（圧力・温度レーティング）**にのっとり、適切な圧力クラスを選べば強度計算は不要です。

❸配管コンポーネントを接続する

配管コンポーネント同士を接続（joint）する方法として、プラント配管においては、信頼性が要求されることから溶接によるものが一般的であり、着脱の必要な箇所にはフランジが使われます。ねじ継手は小径、低圧で重要でない配管に限定的に使われます。

配管の主な接続方法に次のようなものがあります。

溶接：突合せ溶接：両管端部に開先をとり、突き合わせて行う溶接。

すみ肉溶接（ソケット溶接）：小径管40A ないし50A 以下用で、ソケット部に管を差し込んで、管外壁とソケット端面をすみ肉溶接。突合せより信頼性が劣る。

フランジ：両管端部にフランジを設け、フランジ同士をボルト、ナットで締結する。各種形式のフランジあり。

ねじ：管用ねじが使われ、おねじ、めねじともに管用テーパねじが一般的。平行ねじは、プラグなどの限定的箇所におねじ、めねじとも管用平行ねじで、Oリングを併用して使用することがある。

ユニオン：はめ合部を囲むユニオンナットを締め込むことにより、ユニオンつばとユニオンねじの端面に挟んだガスケット（またはOリング）を圧縮し、シール。分解用として適宜の位置に入れる。

チューブ継手：フレア継手：チューブ端部を37°に広げた円錐状フレアをふくろナットの締め込みにより、フレア本体に圧着させシール。

くいこみ継手：フェルールという薄い金属のリングをふくろナットの締め込みにより、リング先端をチューブに食い込ませることによりシール。

メカニカルジョイント：主として埋設用ダクタイル鉄管に使われる継手で、若干の変位、変角を許す。推力防止装置を設ける必要がある。

鋼管のサイズとSch.番号

❶管、パイプ、チューブ

　流体をとおす長い筒状のものの名前に、「管」、「パイプ」、「チューブ」があります。「管」と「パイプ」は流体輸送を目的とするもので、ほぼ同義語で使われていますが、JIS B 0151鉄鋼製管継手用語では「パイプ」ではなく、「管」（読み方は「くだ」、「かん」の2通りある）を採用しており、本書では「管」を使っています。「チューブ」は主に熱交換を目的とするものに使われています。

❷管の外径と厚さ

　流体輸送用鋼管はサイズ（口径）を呼ぶのに「呼び径」を使い、一般的な厚さの場合はスケジュール番号（Sch.番号と略称）で厚さを表します。熱交換用鋼管（チューブ）は呼び径とSch.番号を使いません。また構造用鋼管（たとえば、JIS G3444 一般構造用炭素鋼鋼管）は呼び径は使いますが、Sch.番号は使いません。スチール以外の黄銅管、ダクタイル鉄管、プラスチック管などはおのおの独自の外径、厚さ標準を持っています。

①流体輸送用鋼管の外径

　前述した呼び径は管の外径（単位mm）の数値を丸めたもので、mm系で呼ぶものは数値の後ろにAをつけ（ASMEでは数値の前にDNをつける）、インチ系で呼ぶものは、数値の後ろにBをつける（ASMEでは数値の前にNPSをつける）約束となっています。たとえば、外径318.5 mmの呼び径は300A、または12Bとなります（表2-1-2参照）。なお、日本（JIS）と米国（ASME）の輸送用鋼管の呼び径が同じでも、300A（12B）以下の管は外径寸法が異なるので注意しましょう。

　〔注〕DN：nominal diameterの略、NPS：nominal pipe sizeの略

②流体輸送用鋼管の厚さ

　SGPを除く配管用の鋼管厚さは、極厚ものなど特殊な厚さを除き、Sch.番号制になっており、厚さのもっとも薄いSch.20からもっとも厚いSch.160まで9つのSch.番号があります（ステンレス鋼管はさらに薄いスケジュール番号があります）。スケジュール番号は鋼管の圧力クラスともいえるもので、呼び径

図1-9-1 スケジュール管の呼び径と厚さ

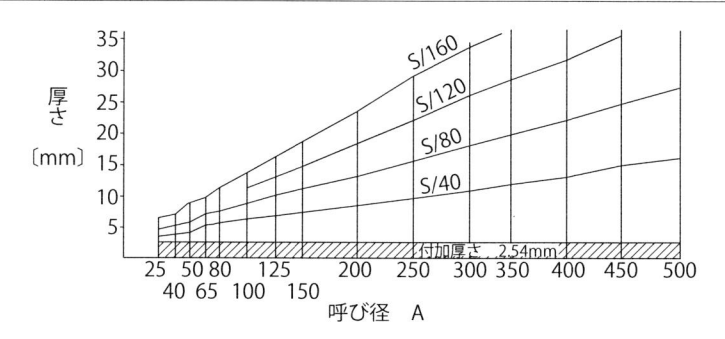

とSch.番号で外径と厚さが特定されます。たとえば呼び径300A、Sch.40といえば、外径318.5 mm、厚さ10.3 mmとなります（表2-1-2参照）。口径と厚さの関係は、JISの場合は配管用鋼管各鋼種のJISに載っており、ASMEの場合はASME B36.10M Welded and Seamless Wrought Steel Pipeによります。代表的なSch.番号の呼び径と厚さの関係を、**図1-9-1**に示します。

　Sch.番号制が制定される以前に使われていたSTD（standard weight）、XS（xstra strong）、XXS（double extra strong）の厚さシリーズが現在でも補助的に使用されています。

❸スケジュール番号について

　Sch.番号は次のように定義されています。

　　Sch.番号 = 1000 (P/S)　　　　　　　　　　　　　　　　　（式1.9.1）

　ここに、P：圧力、S：管材料の常温の許容応力。単位はMpa。

　Sch管の厚さの負の公差は厚さの−12.5％ですから、必要厚さt_rを満足させるための（呼び）厚さtは、

　　$t = t_r/0.875$ mm　　　　　　　　　　　　　　　　　　　（式1.9.2）

となります。（式1.3.8）と（式1.9.2）から、

　　$t = PD/1.75\,S$　　　　　　　　　　　　　　　　　　　　（式1.9.3）

を得ます。（式1.9.1）と（式1.9.3）より、P/Sを消去し、付加厚さ2.54 mmを加えると、

　　$t = \{(\text{Sch.番号} \times D)/1750\} + 2.54$ mm　　　　　　　（式1.9.4）

　（式1.9.4）により、各外径、各Sch.番号の厚さが決められました（実際の厚さはかなり余裕をとっているものがあります）。常温の鋼管の代表的な許容応力を100 MPaとすると、（式1.9.1）より、$P = (\text{Sch.番号}/10)$ MPaとなります。

　この式より、常温で強度が中程度の許容応力の管はおおよそ、Sch.番号の10分の1の許容圧力（MPa）があるという目安をつかむことができます。

1.9.3
各種管継手の種類と使い方

❶管継手の種類と役割

管継手（フィッティングともいう）の種類と役割は次のようになります。

①**エルボ、ベンド、マイタベンド**：管路の方向を変えます。曲げ半径が管径の1.5倍（ロングエルボ）、1.0倍（ショートエルボ）のものをエルボ、それ以外の曲げ半径のものをベンドと呼びます。製法は、エルボは鋼管を引き抜きにより成形、または鋼板をプレス成形後溶接、ベンドは高周波誘導加熱による曲げ、ベンダーによる冷間曲げなどがあります。マイタベンドは短い直管同士を、接続する角度が2分する線上で溶接接合したものを複数連結します。

②**T、ラテラル（Y）**：管路の分岐、合流を行います。形式には、液圧などによる成形T、管台溶接、アウトレット溶接、ボス溶接、などがあります。

主管に対し90°でなく斜め（多くは45°）に枝を出す分岐はラテラルと呼ばれます（133頁の「知って得する知識」参照）、日本（JIS）ではY形と呼ばれます）。

③**レジューサ**：管路のサイズを変更します。同心形と偏心形があります。製法に、鋼管引き抜成形、鋼板をプレス成形後溶接する方法があります。

④**キャップ、閉止板**：管端部を塞ぐものです。

小径管用の代表的管継手に次のようなものがあります（**図1-9-2**）。①フル

図 1-9-2 小径管用の代表的管継手

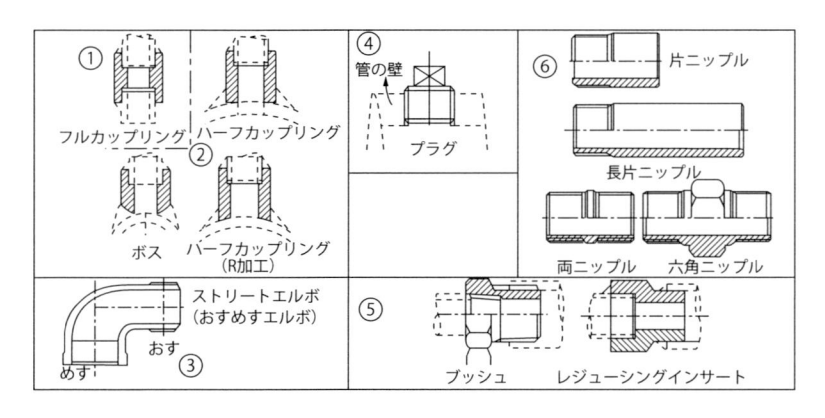

カップリング：小径の管と管をつなぐ、②ボス、ハーフカップリング：小径の枝を出す、③ストリートエルボ：一端がおねじ、他端がめねじの小径管用エルボ、④プラグ：小さな穴を塞ぐ、⑤ブッシュ、レジューシングインサート：小径管の径を変える、⑥ニップル：小径の管または管継手同士をつなぐ短管状の管継手で、端部は管用テーパおねじまたはソケットで、種々組合せがあります。

❷代表的管継手の使い方

①エルボ、ベンド：標準的に使うのはロングエルボです。ショートエルボは圧力損失がロングエルボの1.4倍程度になるので、スペース上使わざるを得ない場合のみに使用します。ベンドは高流速の蒸気管などで、大きな曲げ半径をとることにより、振動や圧力損失を減らしたいときなどに使います。

②T：次のような幾つかのタイプがあります。成形T：目安として、枝管の呼び径が主管の呼び径の1/2程度までの範囲に使用します。管台溶接式あるいはアウトレット溶接式：枝管呼び径が主管の呼び径の1/2程度未満になるときに使用します。この区分けの境界は一律のものではなく、品質、コスト、などの絡みで境界は変わってきます。

③レジューサ：通常は**同心レジューサ**を使いますが、次のような場合、**偏心レジューサ**（入口、出口の芯をずらし、一片を平らにしたもの）を選択します。

(1)ポンプ吸込み管：同心レジューサで、レジューサ上部に空気がたまり、その空気がポンプに入ると、所定の揚程が不足したり、振動の原因となる恐れがある場合、偏心レジューサをFOT（トップが平らになるように設置）に使い、空気溜まりをなくします（**図1-9-3**（a）参照）。

(2)サポート高さを一定にしたい場合やドレン滞留箇所を削減したい場合：偏心レジューサを座が平らになるFOBに設置すると、配管の下からサポートをとるとき、管口径が変わっても、同じ高さのサポートが使え、また、ドレン滞留部を減らすことができます（**図1-9-3**（b）（c）参照）。

図1-9-3 偏心レジューサの効用

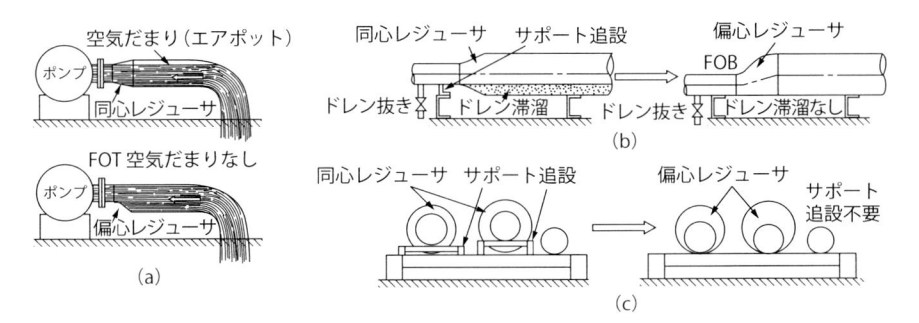

バルブの形式を選択する

❶バルブ形式選択のポイント

安全弁など、特殊用途のバルブは別として、開閉、絞りなど一般的な用途に使うバルブを選ぶ際に、次のような要求があった場合、どのようなバルブ形式が選ばれますか？

①高圧、高温に耐えられるバルブは？

高圧に耐えられるバルブは、ASMEの圧力‐温度レーティング（JPIのP-Tレーティング）において、たとえば、600ないし900以上の圧力クラスが存在するバルブ形式ということになります。このクラスが存在するバルブは、一般的には、仕切り弁、玉形弁、アングル弁、Y型玉形弁、などです。

②絞ることができるバルブは？

キャビテーションが起きない範囲で、流れを絞る（減圧する）ことが許されるバルブの代表的なものは玉形弁、バタフライ弁です。ポートを絞るために、弁体が中間開度で維持されると、仕切弁は弁体が振動し、弁体シートと弁箱シートがぶつかり合い、シートを傷つける恐れがあり、またボール弁はシート材がソフトなため弁体のエッジ部により変形、損傷する可能性があります。

③リークタイトのバルブは？

弁座同士が**メタルタッチ**で、かつ弁体座が弁体箱座に垂直に強力に押し付ける形式のバルブは、リークタイトのバルブで、①を満足するバルブ形式が該当します。シートの摺動により閉止を行ったり、弁座が**ソフトシール**のバルブはシートが摩耗することもあり、多少のリークを許容するバルブです。

④開閉時間の短いバルブは？

弁体を90度開閉することで全開‐全閉ができるバタフライ弁、ボール弁、プラグ弁は開閉時間がもっとも短くなります。仕切弁は弁体を流路から完全に引き上げる必要があるため、リフトが長く、開閉時間のもっともかかるバルブです。玉形弁およびその類似弁のリフトはそれほど長くないので、仕切弁より有利です。

開閉時間の短すぎるバルブは、**ウォータハンマ**に注意する必要があります。

⑤圧力損失の小さいバルブは？

　圧力損失のもっとも小さいバルブはボール弁で、以下の順に圧力損失は大きくなります。ポートは**フルボア**（ポート径＝管内径）としての比較です。

　ボール弁＜仕切弁＜バタフライ弁＜スイング式逆止弁＜Y型玉形弁＜アングル弁＜玉形弁＜リフト式逆止弁（1.5.5項参照）。

⑥外部リークのないバルブは？

　バルブ弁棒のグランド部を通じて、有毒な流体などがバルブ内部から外部へリークすることを防止できるバルブとして、ダイアフラム弁、ベローシール弁などがあります。ダイアフラム弁はグランド部と流路の間にあるダイアフラムによりグランド部は流体に接しません。ベローシール弁は、弁棒グランドと流路を遮断するベローズの設置により、グランド部は流体に接しません。

⑦大流量用のバルブは？

　大口径のバルブにもっとも適した形式は構造が単純で、スペースをとらず、軽量なバタフライバルブです。次いで弁体が比較的軽量な仕切弁です。玉形弁、アングル弁、ボール弁などは弁体重量が重く、大径弁には適しません。

⑧コストを抑えたバルブは？

　これは一概には言えませんが、一般的傾向としては、口径の割に重いバルブはコストがかかると言えそうです。

図1-9-4　代表的なバルブ形式（全開時を示す）

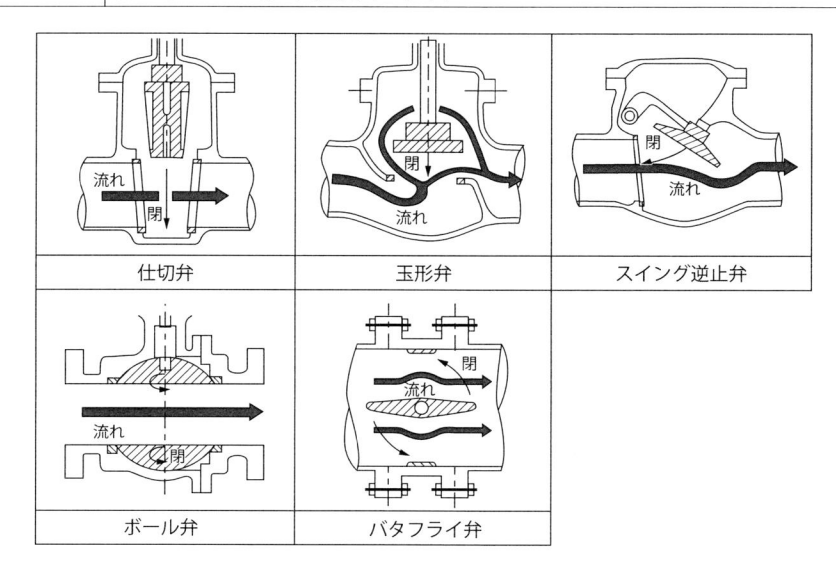

| 仕切弁 | 玉形弁 | スイング逆止弁 |

| ボール弁 | バタフライ弁 |

スチームトラップ形式を選択する

❶スチームトラップ形式を選択するときのポイント

　スチームトラップは系内の蒸気が凝縮してできた"用済み"の復水、または
ドレン（合わせて、以後ドレンと呼ぶ）を系外へ自動的に排出し、蒸気は系内
に留めるための装置です。また、主に起動時にトラップに入って来る空気は、
ドレンの排出を阻害するので、自動的に排出できる必要があります。

　捉える蒸気と排出するドレンを識別する方法に、密度差（浮力）と温度差が
あります。また、捉える蒸気と排出する空気を識別する方法に温度差がありま
す。

　温度を識別方法とした場合、流体が飽和温度（飽和圧力）の状態では飽和蒸
気と飽和水が混在するので、蒸気を逃がさないためには、飽和温度より若干低
い温度でトラップのポートを閉めることが必要で、その結果、配管内にドレン

図 1-9-5 ｜ 用途別スチームトラップ形式

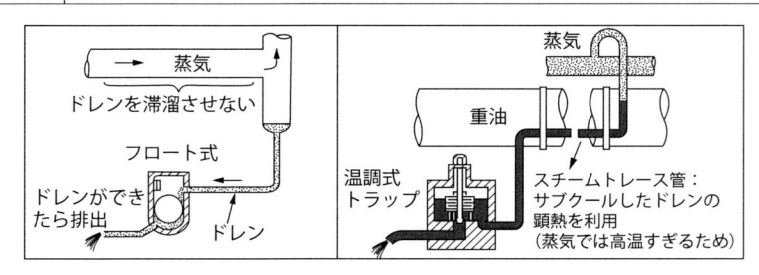

表 1-9-1 ｜ 用途別スチームトラップ形式

用途	形式	特徴
検出されたドレンは直ちに排出 （管内ドレン滞留なし）	下向きバケット式	ドレンが溜まるとバケットが沈み、バルブが開く
	フロート式 （空気排出用バイメタル装着）	ドレンが溜まるとフロートが上がり、バルブが開く
	ディスク式	流動力学的メカニズム
飽和温度未満で排出 （装置内にドレン滞留を許す）	バイメタル	圧力が変化したら温度調整要
	ベローズ	内臓する感温液の作用で温度調整不要
	ダイアフラム	
	温調式（バイメタル）	温度調整可能

が残ることとなります。蒸気配管の場合はそのドレンにより、ウォータハンマなどの障害を起こす可能性が出ます（図1-9-5参照）。

したがって、蒸気配管で、ドレンの存在によるウオータハンマや配管振動などを避ける必要のある場合はトラップ内にドレンが来たらすぐバルブを開く、下向きバケット式やフロート式、あるいはディスク式を使用します。

一方、スチームトレースのように、ドレンの顕熱を利用し飽和温度より低くなった温度の復水（ドレン）を排出する場合は、飽和温度より低い温度でバルブの開閉をする、バイメタル式、ベローズ式、ダイアフラム式、あるいは温調トラップ式を使います（図1-9-5の右図を参照）。

❷形式別の幾つかの特徴

下向きバケット式とディスク式は、トラップ内にある蒸気が放冷によりドレンになることにより弁を開けるので、ドレン排除は間欠的になるのに対し、フロート式と温度検知式のスチームトラップのドレン排除は連続的に行われます。

ディスク式とフロート式は、温度によって蒸気と空気を識別し、空気を排除するため、バイメタルで作動するバルブも装備します（トラップ入口や内部に空気があると、ドレンがトラップに入れなくなる。これを**エアーロック**という）。

下向きバケットは、バケットが下に落ちた状態（蒸気が来てない状態）で、上端にあるバルブが開いているので、起動時流入する空気を逃がすことができます。また運転中に入ってくる少量の空気は、トラップ本体上部に貯めておき、バルブが間欠的に開くとき、ドレンと一緒に排除します（図1-9-6参照）。

図1-9-6 下向きバケット式スチームトラップの作動順序

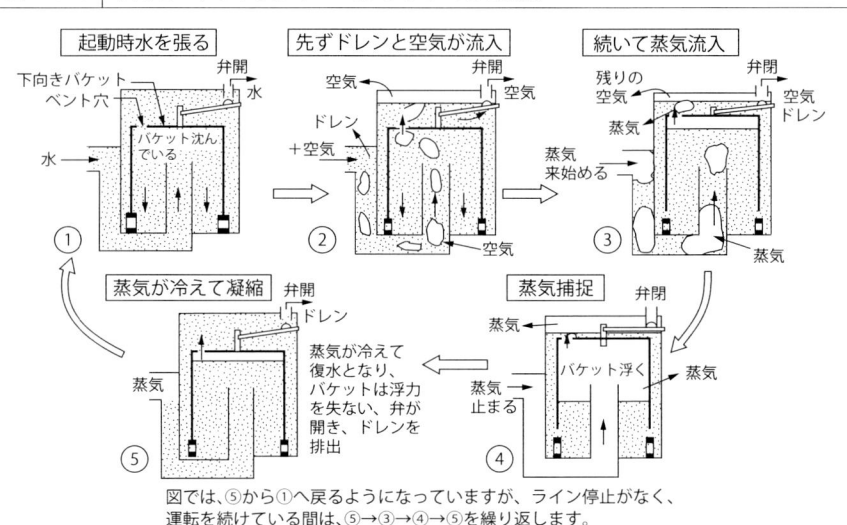

図では、⑤から①へ戻るようになっていますが、ライン停止がなく、運転を続けている間は、⑤→③→④→⑤を繰り返します。

1.9.6
ストレーナの形式、選択のポイント

❶ストレーナが必要な箇所

　ストレーナは、機器の小さな開口部や間隙に流れに混じった異物が詰まったり、異物衝突による損傷を防ぐために、機器上流に設置して流体中の異物を捉えるものです。保護する必要がある機器、装置は主に、狭い間隙のあるポンプ・コンプレッサ・タービン、調節弁、小さなポートのスチームトラップ、スプレーノズル、などです。そのクリアランスや開口部の大きさにより、異物をとる**スクリーン**（こし網）の粗さ（メッシュという）が決まります。

❷ストレーナの構造

　ストレーナの形式を図1-9-7に示します。ストレーナに共通するものは**スクリーンエレメント**です。スクリーンエレメントは、異物をとらえるスクリーン（こし網）を上流側に、流体中での強度を持たせるための多孔板（パンチングプレート）を下流側に、重ね合わせたもので、これをストレーナ本体（ボディ）に組み込んでいます。ゴミで詰まってくると、自動洗浄式以外は、本体よりエレメントを外して、外で洗浄します。洗浄時期はストレーナ前後の差圧により判断します。したがって、ストレーナ前後に差圧計または圧力計が必要です。

　捉えるべき最小粒子の大きさにより、スクリーンのメッシュMまたは目開きO（mm）を決めます。**メッシュ**は25.4 mmの間を仕切っている網線の本数を言い、数の多い方が目の細かい網になります。しかし、線径Wにより、目開きの大きさに差がでます。たとえば、40メッシュの場合、最大の線径0.29 mmなら目開き0.345 mm、最小の線径0.12 mmなら目開き0.515 mmのようになります。網の線のピッチPは$P = 25.4/M$で計算され、スクリーンエレメント面積に対するスクリーンの開口部面積の割合、**開口比**N_Sは、$N_S = (O/P)^2 = \{(P-W)/P\}^2$となります。スクリーンと重ねる多孔板についても、同じように開口比N_Pを算出します。エレメントとしての開口比は$N_S \times N_P$で、エレメントの**開口面積**は（エレメント面積$\times N_S \times N_P$）となります。

❸ストレーナ形式と形式選択のポイント

　ストレーナには、ストレーナを「配管でサポートするタイプ」と「独自にサポートするタイプ」とがあります。前者のタイプには、「コーン形」、「Y形」、

「Tベンド形」、「Tストレート形」があり、エレメントは小形（エレメントの入る胴径は管との接続径と同径）で、配管のフランジ間に挟んで配置します。後者のタイプには、単式バケット形と複式バケット形があります。

①除去する異物が多い場合、異物が非常に細かい場合、配管径が大きい場合

　特に除去すべき固形物が多く、目詰まりしやすい場合や、細かい粒子をとり除くためスクリーンの目を特に小さくする必要がある場合など、通過面積を大きくしなければならない場合、あるいはまた、配管径が大きく「配管サポートタイプ」ではエレメントの清掃が困難になる場合（たとえば350A～400A以上の場合）には、床上に設置するバケット式を使います。バケット式の場合、設置する配管は水平で、エレメントは、清掃時、上方へ取り出します。予備がなく、止められないラインには切替式の複式バケットを用います。

②ストレーナを配管に組み込み、配管でサポートする場合

　①以外の場合は設置が、より簡便な「配管サポートタイプ」を選択します。このタイプは構造上、濾過面積、そして開口部面積をあまり大きくとれず、エレメントの開口面積（本項❷参照）は一概には言えませんが、管との接続断面積の2倍程度が、1つの目安と考えられます。

　コーン形は、清掃時に本体（胴の部分）ごと配管から外す必要があり、取り外し、復旧に手間がかかるので、試運転時の一時用として使われます。

　恒久設置とする**Y形**と**Tストレート形**は直管部に、**Tベンド形**は曲がり部に設置します。エレメント取り外しはエレメント収納部胴端部の閉止フランジを外して行うので、エレメント延長線上に分解用スペースが必要です。

図1-9-7　ストレーナの形式

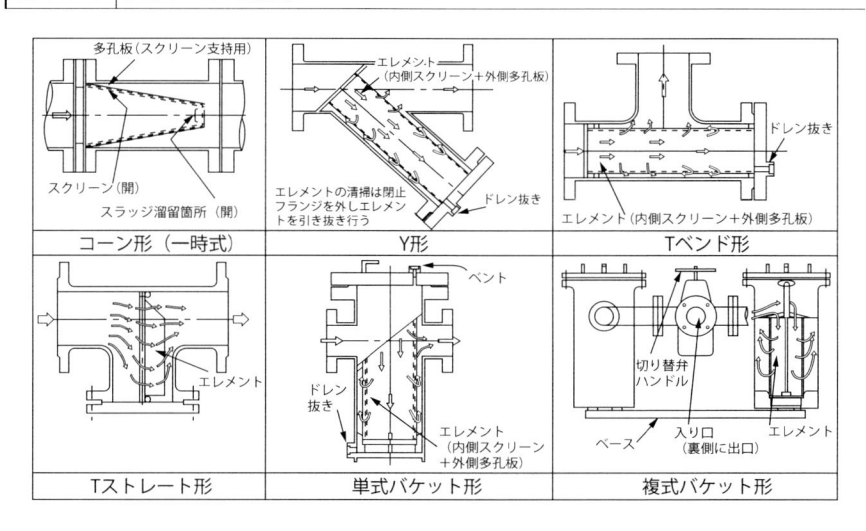

1. 9. 7

ハンガ・サポートの形式と選択

❶ハンガ：サポートの機能と種類

　配管を支持する装置を一般的にサポートと呼びます。また、上から吊るもの
をハンガ、配管重量を下から支えるものをサポートと呼ぶこともあります。そ
して配管の機械的振動を抑えたり、地震の振動を抑える防振器、地震時などの
配管の動きを拘束するものにレストレイントがあります（表1-9-2、図1-9-8
参照）。

表 1-9-2 ｜ サポートの機能と種類

大分類	機能		種類
サポート	垂直方向伸びを拘束		リジットハンガ
	垂直方向伸び対応、転移荷重あり		スプリングハンガ
	垂直方向伸び対応、転移荷重なし		コンスタントハンガ
防振器	機械振動の抑制		ばね式防振器
	地震振動の拘束		油圧防振器
			メカニカル防振器
レストレイント	機器への反力低減振動の拘束	完全拘束	アンカ
		一定方向のみの移動	ガイド
		一定方向の移動拘束	ストッパ

図 1-9-8 ｜ サポートの種類 （三和テッキ㈱提供）

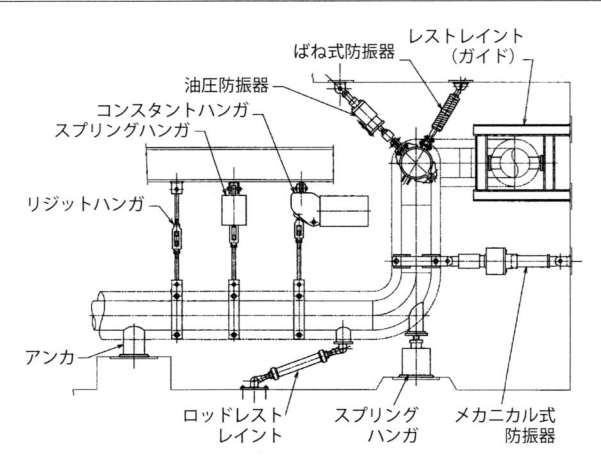

❷サポートの選択

リジットハンガ（図1-9-8参照）の選択：配管の垂直方向伸びがほとんどないか、上下伸びを拘束しても他所に過大な応力、反力が及ばない場合（フレキシビリティ解析で確認が望ましい）に採用します。上から吊るロッドハンガは上方へ移動する管には座屈をするので向きません。

スプリングハンガ（バリアブルハンガとも呼ばれる）（図1-9-9(a)）の選択：配管垂直方向伸びが60〜75 mm以下、または転移荷重が一般に25%以下の場合採用。一般に標準荷重に対し3種類程度のばね定数のスプリングハンガが準備されており、伸びと転移荷重の大きさから適切なばね定数のハンガを選びます。大きすぎる転移荷重は、リジットハンガや接続機器に過大な荷重をかける恐れがあります。

〔注〕転移荷重は2.2.8項参照。

コンスタントハンガ（図1-9-9(b)）の選択：配管の垂直方向伸びが60〜75 mm以上、または転移荷重が20〜25 %を超える場合、過大な転移荷重を避けるためコンスタントハンガを採用します。コンスタントハンガは、なんらかの見込み違いで、サポート設計荷重と実際の荷重が異なってしまった場合、その差の荷重を他のサポート、または接続機器が負担することになります。同一配管ラインに多数のコンスタントハンガを使用するとき、その荷重差が累計され、他のサポートや機器に過大な荷重を与え、配管の異常な上下移動をもたらすことがあります。したがって、垂直伸びの小さいところに、リッジトハンガやレストレントなど、荷重誤差を吸収できるサポートを設ける検討が必要です。

❸防振器の選択

ばね式防振器の選択：機械的振動（1.7.1項参照）に対しては、ばね式防振器を選びます（状況によってはレストレイントの選択もあり得る）。ばね式防振器は構造的にばね1個タイプ（図1-9-10(a)参照）と2個タイプがあり、また

図1-9-9 | スプリングハンガ(a)とコンスタントハンガ(b) （三和テッキ㈱提供）

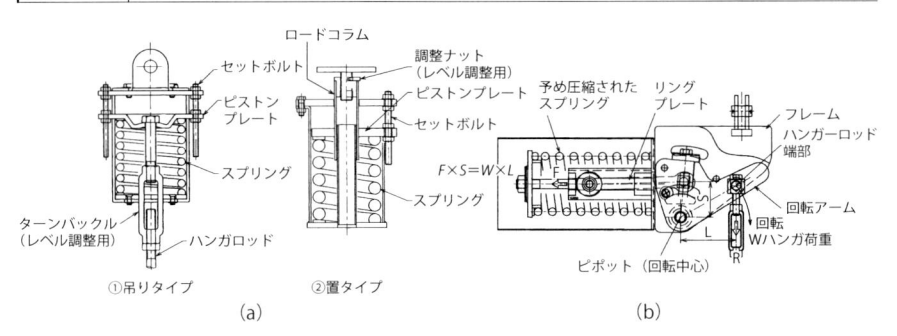

ばねにあらかじめ圧縮荷重を掛ける場合と掛けない場合があります。1個タイプの場合、圧縮荷重以下の荷重には、防振器は伸縮せず、固定となります。ばね1個タイプのばね式防振器の特性を**図1-9-11**(a)に、ばね2個タイプのばね式防振器の特性を図1-9-11(b)に示します。

　油圧防振器（図1-9-10(b) 参照）、**メカニカル防振器**（図1-9-10(c)参照）の選択：地震に対する配管の揺れを抑えるには、火力発電所の場合、油圧防振器を、原子力発電所の場合は、油で床等を汚さないメカニカル防振器を使用します。両者とも、地震のような短周期の動きは拘束し、配管熱膨張のような緩慢な動きは拘束しません。その機能は、油圧防振器の場合、油が通過する小さなオリフィスとポペット弁の働きにより、メカニカル防振器の場合はボールねじとフライホイールに働きで、この機能を果たします。油圧防振器とメカニカル防振器の特性を図1-9-11に示します。

図 1-9-10 ┃ **防振器** （三和テッキ㈱提供）

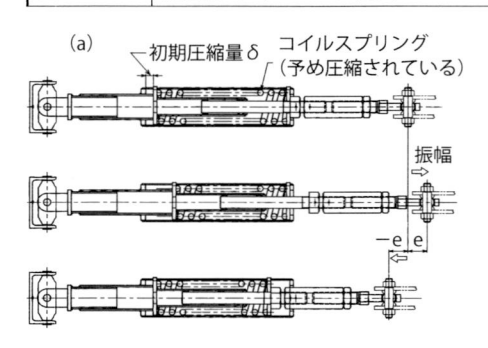
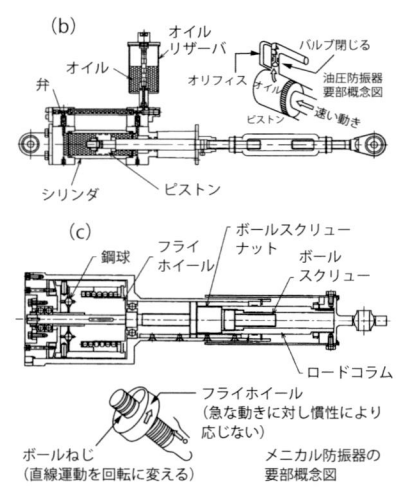

(a) ばね式防振器
(b) 油圧式防振器
(c) メカニカル防振器

図 1-9-11 ┃ **各種防振器の特性**

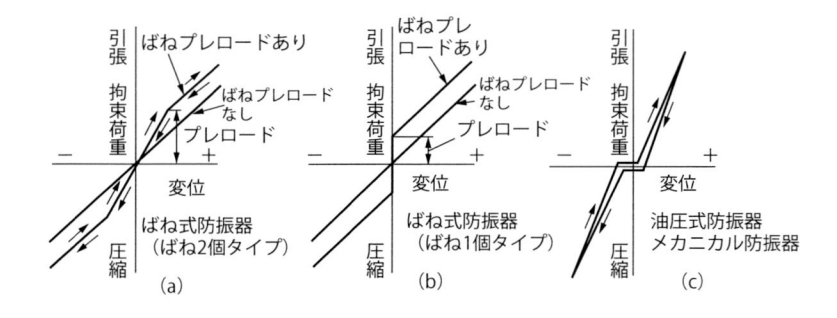

【 第**2**章 】

設計に必要なデータ、計算式

単位および鋼管の寸法仕様

❶よく使われる単位

配管設計において比較的よく使われる単位を**表2-1-1**に示します。

表 2-1-1 | よく使われる単位

項目	単位	項目	単位
長さor 距離	in = 25.4 mm	粘性係数 or 粘度	Pa·s = 10 p (ポアズ)
	ft = 0.3048 m		= 1000 cp
容積	m³ = 1000 L		= 0.1019 kgf·s/ m²
角度	度 = π /180 rad	動粘性数係or動粘度	m²/s = 10⁴ St (St = cm²/s)
質量	lb = 0.454 kg		St = 100 cSt (cSt = mm²/s)
密度	kg/m³		（St：ストークス）
比重量	kgf/m³ = 9.8 N/m³	比熱	kJ/(kg·K)
	= 9.8 kg/(s²m²)	熱流束	W/m³ = cal/(m²·h)
比重	15℃の水を1.00	熱伝導率	W/(m·K)
重さor 重量	N = kg·m/s²	熱伝達率	W/(m²·K)
	= 0.102 kgf	振動数	Hz = 1/s
比容積	m³/kg	角速度	rad/s
断面二次モーメント	m⁴	加速度	m/s² = 100 Gal
断面係数	m³	エンタルピ°	J/kg
断面一次モーメンント	m³	エントロピ°	J/kg·K
ヤング率	N/m²	運動量	kg·m/s = N·s
力	N	エントロピ°	J/kg·K
応力 or 圧力	Pa = N/m²	運動量	kg·m/s = N·s
	MPa = N/mm²	運動エネルギーor 衝撃値	kg·m²/s² = N·m
	= 10 bar	質量の慣性モーメント	kg·m²
	= 10.2 kgf/cm²		
	bar = 14.5 lbf/in²	エネルギー or 熱量 or 仕事 or 電力量	J = N·m
	mmHg = 1.333 × 10² Pa		= kg m²/s²
	1 気圧 = 101.3 kPa		= (1/3.6)10⁻⁶ kW·h
	= 1013 hPa（ヘクトパスカル）		
温度	K（ケルビン）= 273 + C	動力 or 電力 or 出力 or 仕事率	W = J/s
	C = 5/9(F − 32)		= Nm/s
			= kgm²/s³
			= 0.102 kgfm/s
			= 860 cal/hr

❷鋼管諸元表

40A から 400A までの鋼管の諸元を**表2-1-2**に示します。

表2-1-2 | 40A から 400A までの鋼管の諸元（Sch. No. は主なもののみ）

| 呼び径 | | Sch. | 外径 | 厚さ | 断面二次モーメント | 断面係数 | 管重量 | 水重量 |
A	B	[No]	[mm]	[mm]	[mm⁴]	[mm³]	[N/m]	[N/m]
40	1.5	40	48.6	3.7	1.324×10^5	5.449×10^3	40	13
		80		5.1	1.671×10^5	6.877×10^3	54	11
		160		7.1	2.051×10^5	8.442×10^3	71	9
50	2	40	60.5	3.9	2.790×10^5	9.224×10^3	53	21
		80		5.5	3.629×10^5	1.200×10^4	73	19
		160		8.7	4.883×10^5	1.614×10^4	109	14
65	2.5	40	76.3	5.2	7.379×10^5	1.934×10^4	89	33
		80		7	9.242×10^5	2.423×10^4	117	30
		160		9.5	1.135×10^6	2.974×10^4	153	25
80	3	40	89.1	5.5	1.267×10^6	2.845×10^4	111	47
		80		7.62	1.630×10^6	3.658×10^4	150	42
		160		11.1	2.110×10^6	4.737×10^4	209	34
100	4	40	114.3	6	3.002×10^6	5.253×10^4	157	81
		80		8.6	4.015×10^6	7.025×10^4	220	73
		160		13.5	5.527×10^6	9.671×10^4	329	59
150	6	40	165.2	7.1	1.104×10^7	1.337×10^5	271	176
		80		11	1.592×10^7	1.927×10^5	410	158
		160		18.2	2.305×10^7	2.79×10^5	647	128
200	8	40	216.3	8.2	2.907×10^7	2.687×10^5	413	308
		80		12.7	4.226×10^7	3.907×10^5	625	281
		160		23	6.616×10^7	6.117×10^5	1075	223
250	10	40	267.4	9.3	6.287×10^7	4.703×10^5	581	477
		80		15.1	9.557×10^7	7.148×10^5	921	433
		160		28.6	15.51×10^7	11.60×10^5	1651	340
300	12	STD	318.5	9.5	1.102×10^8	6.918×10^5	710	691
		40		10.3	1.185×10^8	7.444×10^5	768	684
		80		17.4	1.872×10^8	1.175×10^6	1267	620
		160		33.3	3.075×10^8	1.931×10^6	2297	489
350	14	STD	355.6	9.5	1.548×10^8	8.705×10^5	795	873
		40		11.1	1.784×10^8	1.003×10^6	925	856
		80		19	2.855×10^8	1.175×10^6	1243	816
		160		35.7	4.647×10^8	2.613×10^6	2761	622
400	16	STD	406.4	9.5	2.334×10^8	1.149×10^6	912	1156
		40		12.7	3.047×10^8	1.499×10^6	1209	1118
		80		21.4	4.811×10^8	2.367×10^6	1993	1018
		160		40.5	7.887×10^8	3.881×10^6	3584	816

知って得する知識

各種金属の縦弾性係数、線膨張係数は JIS B 8267圧力容器の設計の付属書Dに詳しく出ています。

2. 1. 2
配管用JIS材、ASTM材対照表

　JIS材に相当するASTM材の対照表を**表2-1-3**に示します。（　）付きは当該JISと類似の材質であることを意味します。

表 2-1-3 | JIS 材に相当する ASTM 材の対照表

材料の分類		JIS		ASTM
		JIS規格	材料記号	ASTM 規格の材料記号
鋼板	炭素鋼	G 3101	SS400	（A36）
		G 3106	SM400B	（A285 GrC）
		G 3103	SB410	A515 Gr60
			SB450	A515 Gr65
			SB480	A515 Gr70
			SB450M	A204 GrA
	低合金鋼		SB480M	A204 GrB
		G 4109	SCMV1	A387 2 CL.1&2
			SCMV4	A387 22 CL.1&2
			SCMV5	A387 21 cl.1&2
鍛造品	炭素鋼	G 3201	SF490A	A105 A181 cl.70
	低合金鋼	G 3203	SFVAF1	A182F1
			SFVAF5B	A182F5
			SFVAF2	A182F2
			SFVAF11A	A182F11 CL2
			SFVAF12	A182F12 CL2
			SFVAF22B	A 182F22 CL3
	ステンレス鋼	G 3214	SUSF304	A182F304
			SUSF304H	A182F304H
			SUSF304L	A182F304L
			SUS316	A182F316
			SUS316H	A182F316H
			SUS316L	A182F316L

鋳鋼品	炭素鋼・低合金鋼	G 5151	SCPH2	A216 WCB
			SCPH11	（A217 WC1）
			SCPH21	（A217 WC6）
			SCPH32	（A217 WC9）
			SCPH61	（A217 C5）
	低温高圧用	G 5152	SCPL11	A352 LC1
			SCPL21	A352 LC2
			SCPL31	A352 LC3
鋼管	炭素鋼	G 3452	SGP	（A53 Type F）
		G 3454	STPG370	（A135 GrA）
			STPG410	A135 GrB
		G 3456	STPT370	A106 GrA
			STPT410	A106 GrB
			STPT480	A106 GrC
	低合金鋼	G 3458	STPA12	A335P1
			STPA22	A335P12
			STPA23	A335P11
			STPA24	A335P22
			STPA25	（A335P5）
			STPA26	（A335P9）
	低温用	G 3460	STPL380	A333 Gr1
			STPL450	A333 Gr3
			STPL690	A333 Gr8
	炭素鋼溶接鋼管	G 3457	STPY400	（A139 GrB）
	ステンレス鋼	G 3459	SUS304TP	A312 TP304
			SUS304HTP	A312 TP304H
			SUS304LTP	A312 TP304L
			SUS304TP	A312 TP316
			SUS316HTP	A312 TP316H
			SUS316LTP	A312 TP316L

知って得する知識

・**管サイズの呼び方、A系〔mm〕とB系〔インチ〕の変換；**
A系の頭の数字に4を掛けると、B系になる。たとえば、300Aの3に4を掛けると12で12Bが得られる。
B系の頭の数字を4で割ると、A系の頭の数字になる。たとえば、12Bの12を4で割ると、3となり、300Aが得られる。

2. 1. 3

配管材料の物性値

表 2-1-4 | 代表的金属とプラスチックの物性値（インターネットより）

金属	比重量 〔kN/m²〕	ポアソン比	熱膨張係数 〔10⁻⁶/℃〕				
			温度 20℃	100	200	300	400
軟鋼	77	0.293	10.9	11.5	12.2	12.9	16.2
オーステナイト ステンレス鋼	78	0.293	16.4	16.8	17.3	17.6	18.0
プラスチック	伸び %	ヤング率 GPa	常温の熱膨張係数　10⁻⁶/℃				
ポリ塩化ビニル	2〜40	0.7〜2,5	50〜185				
高密度ポリエチレン	15〜100	0.7〜1.2	110〜130				
中密度ポリエチレン	50〜600						
低密度ポリエチレン	90〜800	〜0.7	160〜180				

備考：伸び量＝長さ×温度差×線膨張係数
　　　プラスチックのヤング率は "PLASTICS JAPAN com" より

表 2-1-5 | 代表的管材料の許容応力

（火力技術基準の解釈 2016年2月改正、より。安全係数は3.5）

材料種類		許容応力 〔N/mm²〕						
	温度 〔℃〕	〜45	150	300	350	400	450	500
SGP	一般配管用炭素鋼 （電気抵抗溶接管）	62	62	62	62	—	—	—
		長手継手効率含入済み						
STPT410	高温用炭素鋼鋼管	118	118	118	115	90	62	(32)
STPA24	2.25Cr − 1 Mo 鋼	118	114	114	114	114	114	81
SUS304TP	18 − 8 ステンレス鋼 （シームレス）	137	103	86	82	79	76	74

（注）（ ）内の数値の温度では一般に使用されない。

表 2-1-6 | 温度によるヤング率の変化（出典：JIS B 8267）

材料 種類		ヤング率 〔GPa〕								
	温度 〔℃〕	20	100	150	200	250	300	350	400	450
炭素鋼	C＜0.3	203	198	195	193	189	184	178	171	162
Cr−Mo鋼	Cr：0.5〜2%	204	200	196	193	190	186	182	178	174
Cr−Mo鋼	Cr：2.25−3%	211	206	203	199	196	192	188	184	179
SUS管	Cr18−Ni8	193	189	186	182	179	176	172	168	164

ヤング率：$E =$ 応力 / ひずみ $= \sigma / \varepsilon = (F/A)/(\Delta L/L)$〔N/mm²〕

【1 設計データ

2. 1. 4
流体の物性値

計算に必要な物性値

❶液体の粘度（概略値）・密度

表 2-1-7 │ 水の粘度（概略値）・密度（文献⓬、他による）

温度〔℃〕		0．	20	40	60	80	100
粘度	Pa·s	0.00179	0.00100	0.00065	0.00047	0.00036	0.00021
動粘度	m^2 s	1.79×10^{-6}	1.00	0.658	0.467	0.365	0.294
密度	kg/m^3	999.8	998.2	992.2	983.2	971.8	959.1
飽和蒸気圧	kPa	0.61	2.34	992.2	19.9	47.4	101.3

表 2-1-8 │ 石油（液体）の密度・粘度（数値は概略値である。文献❺）

	化学式	密度〔kg/m^3〕 15℃	粘度（センチポアズ）			
			0℃	20	40	60
エタン	C_2H_6	546	0.065	0.045	—	—
プロパン	C_3H_8	508	0.13	0.11	0.092	0.077
ブタン	C_4H_{10}	585	0.21	0.17	0.15	0.13
SAE10 潤滑油		867		70	25	13

❷気体の粘度・密度（出典：文献⓬、他による）

表 2-1-9 │ 空気・ガスの粘度・密度（20℃、1.013 bar における概略値）

	化学記号	モル数	密度〔kg/m^3〕	粘度〔$Pa·s \times 10^{-6}$〕
空気	—	29.0	1.20	18.2
アンモニア	NH_3	17.0	0.596	9.9
エタン	C_2H_6	30.0	1.26	
水素	H_2	2.0	0.0837	8.8
メタン	CH_4	16.0	0.667	11.0
窒素	H	28.0	1.16	17.6
プロパン	C_3H_8	44.1	1.88	

❸液体の飽和圧力

　流体の飽和圧力は温度が上がると増えます。流体の静圧が飽和圧力に達するとフラッシュを始めます。

表 2-1-10 │ 水以外の液体の温度に対する飽和圧力（文献⓬、他）

流体	温度〔℃〕	飽和圧力〔kPa（絶対圧力）〕
エタノール	20	5.865
エタノール「	60	46.68
メチルアセテート	20	22.78
メチルアセテート	55	93.89

2. 1. 5
役に立つ文献・資料

表 2-1-11	書名、著者、出版社、発行年

書名	著者	出版社	発行年
●配管技術全般			
配管設計実用ノート	西野悠司	日刊工業新聞社	2017
●配管の強度			
PIPE STRESS ENGINEERING	LIANG − CHUAN（L.C.）PENG TSEN − LOONG（ALVIN）PENG	ASME PRESS	2009
Design of Piping Systems	THE M.W.KELLOG Co.	JOHN WILEI & SONS、INC	1957 復刻 2009
●圧力損失			
Flow of Fluids Technical Paper No.410 Metric edition		Crane Co.	2009
FLUID FLOW HANDBOOK	JAMAL SALEH	McGraw − Hill	2002
●材料力学			
再入門・材料力学 基礎編	沢 俊行	日経 BP 社	2007
●バルブ			
安全弁の技術	笹原敬史	理工学社	2001
●レイアウト			
プラントレイアウトと 配管設計	大木英之、紙透辰男 湯原耕造、西野悠司	日本工業出版㈱	2017
Process Plant Layout and Piping Design	Bausbacher, Hunt	Prentice Hall	1993
●石油化学プラントのプロセス設計			
Ludwig' s Applied Process Design for Chemical and Petrochemical Plants 1st Vol.4th edi.	A.Kayode Coker	Elsevie	2007
●配管トラブル			
トラブルから学ぶ 配管技術	西野悠司	日刊工業新聞社	2015
事例に学ぶ 流体関連振動 改定版	日本機械学会編	技報堂出版㈱	2008
●その他			
JPI7S − 77 石油工業プラントの配管設計基準		日本石油学会	最新版
理科年表		編集 国立天文台	最新版

知って得する知識

電気化学的腐食：配管で起きる腐食によるトラブルの中でも多いのは電気化学的腐食です。この腐食のメカニズムを理解していると、電気化学的腐食が関与する、孔食、隙間腐食（酸素濃淡電池）、応力腐食割れ、異種金属接触腐食、マクロ腐食、そして電気防食、などのメカニズムを理解しやすくなります。

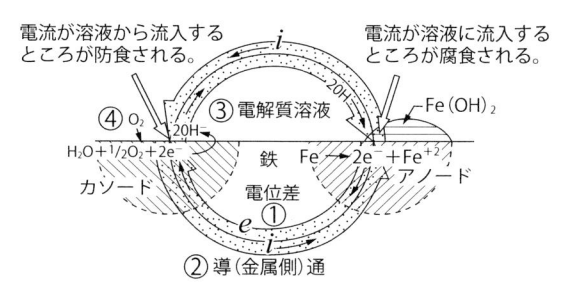

電気化学的腐食は、次の条件が揃うと起きます。

①電位の異なる金属があること（電位の低い方の金属をアノード、高い方の金属をカソードと呼ぶ）。②アノードとカソード間は金属側で電気的に導通していること。③アノードとカソードは電解質溶液（イオン化している溶液、たとえば、海水）に接し、かつ、溶液はアノードからカソードまで連続していること。④電解質溶液には酸素が含まれていること。

アノードで起こること：鉄系材料の場合、FeはFe^{2+}イオンを水中に溶出し、電子$2e^-$を鉄中に残します。Fe^{2+}と溶液中の$2OH^-$とが反応し、水酸化第一鉄$Fe(OH)_2$を作り、さらに溶液中の酸素と反応し、赤さびである水酸化第二鉄$Fe_2O_3 \cdot 2H_2O$を作ります。これが腐食です（上図参照）。

カソードで起こること：鉄に残された電子$2e^-$は鉄の中をカソードに移動、溶液と接する鉄の表面で、溶液中のO_2、H_2Oと反応し、水酸化イオン$2OH^-$を生成。この$2OH^-$がアノードでさびを作る過程で消費されたと考えます。

アノードとカソード間の電位差が大きいほど腐食速度は大きくなります。腐食を起こす電位差は、異なる金属の組み合わせによるもののほかに、次のような原因でも起きます。同じ金属でも製鋼上、位置が異なると僅かな電位差があるため、腐食速度の遅い均一な腐食が進行します。これをミクロ腐食といいます（上の図はその状態を示しています）。また、同じ金属でも、溶液の酸素濃度の差や、金属に不働態皮膜があるか無いかでも、電位差が生じます。異種金属による代表的なアノード、カソードを以下に挙げます。

アノード	電位〔mV〕	カソード	電位〔mV〕
炭素鋼	-610	不働態化したオーステナイトステンレス	-80
炭素鋼	-610	チタン	-150
亜鉛	-1030	炭素鋼（電気防食される）	-610

2 設計計算式

2. 2. 1
耐圧部の強度

❶記号

耐圧部強度計算に使用する記号の意味と単位を**表2-2-1**に示します。

表 2-2-1 | **記号と単位の説明**（別途、文中で特別にことわった場合は除く）

t	必要厚さ	mm	P_a	座屈臨界圧力	MPa
t_s	マイタベンド必要厚さ	mm	v	ポアソン比	—
D	管の外径（外径公差除外）	mm	θ	円錐部の頂角の 1/2	度
d	管の内径（購入仕様書が許す最大内径）	mm		マイタベンドの記号	
S	許容引張応力	N/mm^2			
k	温度で決まる係数	—		$R = \dfrac{S\cot\theta}{2}$　　$R = \dfrac{r(1+\cot\theta)}{2}$	
W	溶接継手強度低減係数	—			
P	設計圧力（最高使用圧力）	MPa			
E	長手継手溶接効率	—			
A	付加厚さ	mm			
R	t を計算する部分の内半径（式2.2.1）	mm		狭い間隔のマイタ　　広い間隔のマイタ	

❷計算式

配管、容器などの耐圧強度の計算式を**表2-2-2**に示します。

表 2-2-2 | **耐圧強度の計算式**

規格	必要厚さ計算式	式番号
●直管強度（内圧）		
	(1)外径基準の式　$t = \dfrac{PD}{2(SE + kP)} + A$	1.3.11
JIS B 8201 陸用鋼製ボイラ構造 内圧胴の最小厚さ 〔注〕Aは付け代で1 mm以上	(2)内径基準の式　$t = \dfrac{Pd}{\{2(SE - (1-k)P\}} + A$	1.3.13
	厚さが内半径の 1/2 を超え、かつ、温度が374 ℃以下の場合は、(1)および(2)にかかわらず、次の式による。	
	$t = R(\sqrt{Z} - 1) + A$ ここに、$Z = \dfrac{SE + P}{SE - P}$	2.2.1

JPI- 7S- 77 石油工業用プラントの 配管基準 〔注〕本式のPの 単位は kPa	$t < D/6$の場合、外径基準の式 $$t = \dfrac{PD}{2000\,SEW + 2Pk} + A$$	2.2.2
	内径基準の式 $$t = \dfrac{P(d + 2C)}{2000\,SEW - 2P(1 - k)} + A$$	2.2.3
ASME B31.1 Power Piping	直管の式、およびクリープ温度域未満 の長手溶接、 またはスパイラル溶接管 外径基準の式　$t = \dfrac{PD}{2(SE + kP)} + A$	1.3.11
	内径基準の式　$t = \dfrac{Pd + 2SEA + 2kPA}{2(SE + Pk - P)}$	1.3.12
	クリープ温度域以上の長手溶接管、またはスパイラル溶接管 外径基準の式　$t = \dfrac{PD}{2(SEW + kP)} + A$	1.3.14
	内径基準の式　$t = \dfrac{Pd + 2SEWA + 2kPA}{2(SEW + Pk - P)}$	1.3.15

●レジューサ

JIS B 8201 円錐胴 （丸みのない円錐部）	$$t = \dfrac{Pd}{2\cos\theta\,(SE - 0.6P)} + A$$	2.2.4

●ベンド

B31.1 Power Piping スムースベンドの腹側 （危険側）	外径基準の式　$t = \dfrac{PD}{2(SE/I + kP)} + A$	2.2.5
	内径基準の式　$t = \dfrac{Pd + 2SEA/I + 2kPA}{2(SE/I + Pk - P)}$	2.2.6
	ここに、$I = \dfrac{4(R/D) - 1}{4(R/D) - 2}$	
B31.3 Process Piping マイタベンドの腹側 （危険側）	狭い間隔のマイタ：$s < r\,(1 + \tan\theta)$ $$t_s = t\,\dfrac{2 - r/R}{2\,(1 - r/R)}$$	2.2.7
	広い間隔のマイタ：$s \geq r\,(1 + \tan\theta)$ $$t_s = t\left(1 + 0.64\sqrt{r/t_s}\,\tan\theta\right)$$	2.2.8

●その他

必要厚さ計算式の k の値	温度 ℃	480以下	510	540	565	595	620以上	表2-2-2 の ①
	フェライト鋼	0.4	0.5	0.7	0.7	0.7	0.7	
	オー ステナイト鋼	0.4	0.4	0.4	0.4	0.5	0.7	

外圧に対する 直管の座屈臨界圧力	$$P_a = \dfrac{2E}{3(1 - v^2)}\left(\dfrac{t}{D}\right)^3$$	1.3.23
	JIS B 8265附属書 E, E.4 「外圧を保持する胴と鏡板」の手順で P_a を求める方法	
管の Sch. 番号定義式	Sch. 番号＝$1000\dfrac{P}{S}$	1.9.1

2. 2. 2

相対変位と配管熱膨張

❶相対変位に関連する式

表 2-2-3	相対変位に対する第 1 サポートまでの距離

変位点から、変位と直角方向にある第1サポートまでの最小必要距離L_Aを求める概算式

$$L_A = \sqrt{\frac{3ED}{S_A}}\, y \qquad (式 1.4.5)$$

E：相対変位時のヤング率
D：管外径
y：たわみ量
S_A：許容応力範囲

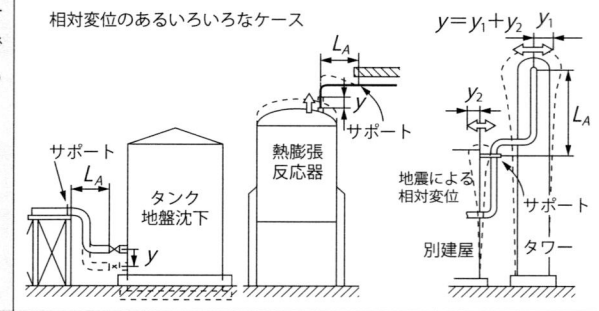

常温の許容引張応力 100MPa（STPT370 クラス）の管の場合、$E = 200 \times 10^3$MPa、$S_A = f\,(1.25 S_c + 0.25 S_n) = 150$MPa、より（式 1.4.5）は $L_A = 64\sqrt{Dy}$ となります。

❷配管熱膨張に関連する式

　ここで紹介する式や考え方は、ASME B31.1、およびB31.3 によっています。

①熱膨張許容応力範囲

表 2-2-4	熱膨張許容応力範囲 S_A の計算式

　　$S_A = f\,(1.25\, S_c + 0.25\, S_h)$　　　　　　　　　　　　　　　　　　　　（式 2.2.9）
　f：繰返し応力範囲係数で、繰返し数の増加に対し、許容応力範囲を低減させる率。
　　（式 2.2.11）で計算できる。
　S_c：常温の許容応力、S_h は運転時の許容応力。指定の規格、または基準、またはcode に定
　　められた許容応力を使用。

$S_h > S_L$ の場合、下式が使える。
　　$S_A = f\,\{1.25\, S_c + 0.25\, S_h + (S_h - S_L)\} = f\,(1.25\, S_c + 1.25\, S_h - S_L)$　　　（式 2.2.10）
　S_L：圧力、重量、その他の負荷荷重による長手方向応力の和。
　S_L に対し、S_h が余裕あれば、その余裕を S_A に振り向けることができる。

　　$f = 6 / N^{0.2} \leq 1.0$　　　　　　　　　　　　　　　　　　　　　　　　（式 2.2.11）
　Nは、寿命中の変位応力範囲の繰返し数。応力範囲が複数種類あ る場合はcode で定められた式で計算する基準変位応力範囲の繰返し数とする。$N \leqq 7000$ に対しては $f = 1.0$ とし、$N \geqq 10^8$ に対しては $f = 0.15$ とする。

②フレキビリティ簡易評価式

（式2.2.12）は、ASME B31.1 Power Piping, および B31.3 Process Piping にある配管フレキシビリティの概算評価式である。

表2-2-5｜フレキシビリティ簡易評価式

$$\frac{DY}{(L-U)^2} \leq 208000\,\frac{S_A}{E_c}$$ （式2.2.12）	D：呼び外径〔mm〕、E_c：室温におけるヤング率〔kPa〕、 L：配管の展開長さ〔m〕、 U：固定端間の直線距離〔m〕 Y：配管系による両端間合成変位量〔mm〕 S_A：熱膨張応力に対する許容応力範囲〔kPa〕　（式2.2.9　参照）

簡易評価式使用上の注意：上記 ASME code では、すべての配管にフレキシビリティ解析をすることを求めているが、上記の簡易評価式が満足されれば、その限りでないとしている。ただし、この式が使えるのは次の条件を満足する場合としている。

(1) パイプが同一サイズで、アンカは両端の2箇所のみとし、配管途中に拘束がない状態で、本質的に周期的運転をしない系（寿命中サイクル7000回以下）のこと。

(2) 長さが異なる管（レグ）のUベンド（$L/U > 2.5$）、直線に近い鋸状配管、大径・薄肉管、アンカを結ぶ方向と異なる伸びが、伸び全体の大部分を占める配管、クリープ域で運転する配管、などの場合は（式2.2.12）の適用にあたり注意が必要。

(3) この式が満足しても、配管反力が低いという保証はない。

③コールドスプリング（C.S.）をとったときの熱膨張による配管反力の式

（式2.2.13 & 14）は x、y、z 方向に均等な C.S. をとったときの反力計算式です。

表2-2-6｜熱膨張による配管反力の式

高温時の反力	$R_h = \left(1 - \dfrac{2}{3}C\right)R\,\dfrac{E_h}{E_c}$	（式2.2.13）
低温（常温）時の反力	$R_c = C \cdot R$、または $\left[1 - \dfrac{S_h}{S_E} \cdot \dfrac{E_c}{E_h}\right]R$ のいずれか大きい方。 ただし、$\left[1 - \dfrac{S_h}{S_E} \cdot \dfrac{E_c}{E_h}\right] < 1$　のこと	（式2.2.14）

ここに、　　R：E_c で計算される全膨張時の反力*（全膨張：C.S. = 0 で配管温度が低温度から高温度まで変化したときの膨張量）。
　　　　　　S_E：計算熱膨張応力範囲*
　　　　　　E_h、E_c：高温、常温時の各ヤング率、S_h：運転時の許容応力
　　　　　　C：コールドスプリング係数、C.S. 100 ％のとき、$C = 1.0$
〔注〕*：これらは配管フレキシビリティ解析ソフトで計算される。

2. 2. 3
管、形鋼の断面性能

❶管等の断面性能

表2-2-7は、よく使う断面形状の、断面二次モーメント、断面係数、断面二次極モーメントの式を示します。断面性能の計算式は図心（G）を通る中立軸（1点鎖線）まわりの断面モーメントの式を示します。

表 2-2-7 | 管など断面の断面性能

断面形状	断面二次モーメント I	断面係数 Z	断面二次極モーメント I_t
長方形断面 ($b \times h$)	$\dfrac{1}{12}bh^3$	$\dfrac{1}{6}bh^2$	$\dfrac{1}{3}hb^3\left(1-0.63\dfrac{b}{h}\right)$
中空長方形断面 (b, h_1, h_2)	$\dfrac{1}{12}b\left(h_2{}^3-h_1{}^3\right)$	$\dfrac{1}{12}\dfrac{(h_2{}^3-h_1{}^3)}{h_2}b$	—
角管断面 (h_1, h_2)	$\dfrac{1}{12}\left(h_2{}^4-h_1{}^4\right)$	$\dfrac{1}{6}\dfrac{(h_2{}^4-h_1{}^4)}{h_2}$	—
円形断面 (d)	$\dfrac{\pi}{64}d^4$	$\dfrac{\pi}{32}d^3$	$\dfrac{\pi}{32}d^4$
円管断面 (d_1, d_2, d_m)	$\dfrac{\pi}{64}\left(d_2{}^4-d_1{}^4\right)$ $t \ll d_m$のとき $\approx \dfrac{\pi}{8}d_m{}^3t$	$\dfrac{\pi}{32}\dfrac{(d_2{}^4-d_1{}^4)}{d^2}$ $t \ll d_m$のとき $\approx \dfrac{\pi}{4}d_m{}^2t$	$\dfrac{\pi}{32}\left(d_2{}^4-d_1{}^4\right)$

❷よく使う形鋼の断面性能

表2-2-8は、よく使う形鋼断面形状の、断面二次モーメント、断面係数、の式を示します。断面性能の計算式は図心（G）を通る中立軸（1点鎖線）まわりのものを示します。

表2-2-8 | よく使う形鋼の、断面二次モーメント、断面係数

断面形状	断面二次モーメントI	断面係数Z
	$\dfrac{1}{12}\left(b_2 h_2{}^3 - b_1 h_1{}^3\right)$ $= \dfrac{b_2 t_2 h_m{}^2}{2} + \dfrac{t_1 h_1{}^3}{12}$ $+ \dfrac{b_2 t_2{}^3}{6}$	$\dfrac{1}{6}\dfrac{\left(b_2 h_2{}^3 - b_1 h_1{}^3\right)}{h_2}$ $= \dfrac{b_2 t_2 h_m{}^2}{h_2} + \dfrac{t_1 h_1{}^3}{6h_2}$ $+ \dfrac{b_2 t_2{}^3}{3h_2}$
	$\dfrac{1}{12}\left(b_2 h_2{}^3 + b_1 h_1{}^3\right)$	$\dfrac{1}{6}\dfrac{\left(b_2 h_2{}^3 + b_1 h_1{}^3\right)}{h_2}$
	$e_1 = h_2 - e_2$ $\dfrac{1}{3}\left(b_3 e_2{}^2 - b_1 h_3{}^3 + b_2 e_1{}^3\right)$ $= \dfrac{1}{3}b_2\left(e_1{}^3 + e_2{}^3\right)$ $+ b_1 h_1\left(e_2 - \dfrac{h_1}{2}\right)^2 + \dfrac{b_1 h_1{}^3}{12}$	$e_2 = \dfrac{b_2 h_2{}^2 + b_1 h_1{}^2}{2\left(b_2 h_2 + b_1 h_1\right)}$ e_1側 $Z_1 = \dfrac{I}{e_1}$ e_2側 $Z_2 = \dfrac{I}{e_2}$

2. 2. 4
梁に生じる曲げモーメント

❶直管・梁の反力、せん断力、曲げモーメント、たわみ

表 2-2-9 | 直管・梁の反力、せん断力、曲げモーメント、たわみの計算式

せん断力図、曲げモーメント図	反力　せん断力	最大曲げモーメント	最大たわみ
片持・集中	$R=W$ $F=-W$	$M_m=WL$	$y_m=\dfrac{WL^3}{3EI}$
片持・分布	$R=wL$ $F_m=-wL$	$M_m=\dfrac{wL^2}{2}$	$y_m=\dfrac{wL^4}{8EI}$
単純・集中	$R_1=W\dfrac{L_2}{L}$ $R_2=W\dfrac{L_1}{L}$ $L_1\geqq L_2$ で $F_m=-W\dfrac{L_1}{L}$	$M_m=W\dfrac{L_1L_2}{L}$	$L_1\geqq L_2$ で $y_m=\dfrac{WL_2\left(L^2-L_2{}^2\right)^{3/2}}{9\sqrt{3}EIL}$
単純・分布	$R_1=R_2=\dfrac{wL}{2}$ $F_m=-\dfrac{wL}{2}$	$M_m=\dfrac{wL^2}{8}$	$y_m=\dfrac{5wL^4}{9\sqrt{3}EI}$
固定・集中	$R_1=\dfrac{WL_2{}^2(3L_1+L_2)}{L^3}$ $R_2=\dfrac{WL_1{}^2(L_1+3L_2)}{L^3}$ $L_1\geqq L_2$ で、$F_m=R_2$	$L_1\geqq L_2$ で $M_m=\dfrac{WL_1{}^2L_2}{L^2}$	$L_1\geqq L_2$ で $y_m=\dfrac{2WL_1{}^3L_2{}^2}{3EI(3L_1+L_2)^2}$
固定・分布	$R_1=R_2=\dfrac{wL}{2}$ $F_m=\dfrac{wL}{2}$	$M_m=\dfrac{wL^2}{12}$	$y_m=\dfrac{wL^4}{384EI}$

❷せん断力図（SFD）、曲げモーメント図（BMD）を画く

SFD、BMDは、梁（直管）に荷重Fがかかったとき、それらにより生じる内力であるせん断力Fと曲げモーメントMが梁上にどのように分布しているかを示したものです。その作成方法は、3.3.4項の具体例で説明するので、ここでは作成方法の概略のみにとどめます。梁にかかる集中荷重や分布荷重の位置を境界として、梁の両端間を区分します。梁の左端の支持点を起点とする右方向の距離xの点の内力、すなわちせん断力と曲げモーメントを区間ごとにxの関数として表わします。区間をA-B間とした場合、せん断力バランスの式は、$\sum R_{A-B} = \sum R_i - F = 0$、曲げモーメントバランスの式は、$\sum M_B = \sum R_i L_i + M = 0$。これら式に則り、SFD上に$F$を、BMD上に$M$を、区間ごとに画いていきます。

なお、SFD、BMDの線を簡便に画く方法を表2-2-10Ⓐに示します。

FとMの正の符合（表2-2-10Ⓑ）を基準軸の上に画くか下に画くかは約束事なので、本書と逆になっている書籍もあります。

表2-2-10 | SFD、BMD の線の引き方ガイド

ⒶSFD、BMDの簡便な引き方

Ⓑ内力である曲げモーメントとせん断力の符号

2. 2. 5
圧力損失に関連する式（その１）

❶記号説明

圧力損失に関連する記号の意味と単位を**表2-2-11**に示します。

表 2-2-11 | 圧力損失に関連する記号の意味と単位

記号	アイテム	単位	記号	アイテム	単位
p	圧力	Pa	ρ	密度	kg/m³
h	静水頭（差）	m	z	位置の水頭	m
g	重力の加速度	m/s²	h_L	損失水頭	m
f	管摩擦係数	—	ε	管内面絶対粗さ	m
K	抵抗係数	—	H_0	全水頭	m
V	平均流速	m/s	L	直管長さ	m
Re（数）	レイノルズ数	—	μ	粘度	Pa・s
R_H	流体平均深さ	m	μ'	粘度	cp
D	管内径	m	A	流路断面積	m²
d	管内径	mm	W	質量流量	kg³/s
Q	体積流量	m³/s	$\overline{V}$	流速ベクトル	m/s
v	動粘度	m²/s	C	ヘーゼンの係数	—
n	マニングの係数	—			

❷計算式

圧力損失に関連する計算式を**表2-2-12**、非圧縮性流体の損失と流量を求める式を**表2-2-13**に示します。

表 2-2-12 | 圧力損失計算に関連する計算式

式の名称		計算式、説明	式番号
圧力と水頭の換算式		$p = \rho gh$	1.5.1
ベルヌーイの式		$z + p/(\rho \cdot g) + V^2/2g + h_L = H_0$（一定）	1.5.3
レイノルズ数		Re 数 $= \rho VD/\mu = \rho Vd/\mu'$	1.5.4
摩擦損失係数の式	層流	$f = 64/Re$	2.2.15
	乱流	滑らかな管 $\dfrac{1}{\sqrt{f}} = 2\log\left(\dfrac{Re\sqrt{f}}{2.51}\right)$	2.2.16
		中間の流れ $\dfrac{1}{\sqrt{f}} = 2\log\left(\dfrac{\varepsilon/D}{3.7} + \dfrac{2.51}{Re\sqrt{f}}\right)$	2.2.17
		完全乱流 $\dfrac{1}{\sqrt{f}} = 2\log\left(\dfrac{3.7}{\varepsilon/D}\right)$	2.2.18
		ハーラントの式 $\dfrac{1}{\sqrt{f}} = -1.8\log\left\{\left(\dfrac{\varepsilon/D}{3.7}\right)^{1.11} + \dfrac{6.9}{Re}\right\}$	2.2.19
物体が流体から受ける力		$F = \rho Q\,(\overline{V_2} - \overline{V_1})$（運動量の変化）	2.2.20

表 2-2-13 │ 非圧縮性流体の損失と流量を求める計算式

式の名称	計算式、説明	式番号
連続の式	$(\pi/4)\ D_1^2 V_1 = (\pi/4)\ D_2^2 V_2 = Q$	2.2.21
直管の損失水頭計算式 （ダルシーワイスバッハの式）	$h_L = f\dfrac{L}{D}\dfrac{V^2}{2g} = f\dfrac{8L}{\pi^2 D^5}\dfrac{Q^2}{g} = 0.0827\,f\dfrac{LQ^2}{D^5}$	2.2.22 (1.5.5)
	$\Delta P = f\dfrac{L}{D}\dfrac{\rho V^2}{2} = K\dfrac{\rho V^2}{2}$	2.2.23 (1.5.6)
局所損失水頭計算式	$h_L = K\dfrac{V^2}{2g} \quad h_L = f\left(\dfrac{L}{D}\right)\dfrac{V^2}{2g} = 0.0827\,K\left(\dfrac{Q}{D^2}\right)^2$	2.2.24 (1.5.7)
流量を求める式	$Q = \sqrt{\dfrac{\pi^2 g\,D^5 h}{8fL}} = 3.47\sqrt{\dfrac{D^5 h}{fL}}$ $= 3.47 D^2\sqrt{\dfrac{h}{K}}$	2.2.25
流体平均 深さ	$R_H = （流れ部分の断面積A）／（濡れ縁の長さL）$	1.5.8
円形断面以外、開水路用の 損失水頭の計算式	$h_L = f\dfrac{L}{4R_H}\dfrac{V^2}{2g}$	1.5.11
	$f を求める際の Re 数 = \dfrac{4R_H V\rho}{\mu} = \dfrac{4R_H V}{\nu}$	1.5.12
	$同、相対粗さ = f\dfrac{\varepsilon}{4R_H}$	1.5.13
シェジーの流速公式	$V = \sqrt{8gR_H S_e/f}$ （現在は、マニングの式が使われ、シェジーの式が使われることはない）	2.2.26
動水 （エネルギー） 勾配	$S_e = h_L/L$	2.2.27
ヘーゼン・ウィリアムスの 経験式	$h_L = \dfrac{1.35\,V^{1.85}L}{C^{1.85}R_H^{1.17}}$ 　または	1.5.15
	$h_L = \dfrac{6.835\,V^{1.85}L}{C^{1.85}D^{1.17}}$ 　または	1.5.16
	$h_L = \dfrac{10.7\,Q^{1.85}L}{C^{1.85}D^{4.87}}$	1.5.17
マニングの経験式	$h_L = \dfrac{LV^2 n^2}{R_H^{4/3}}$ 　または	1.5.18
	$h_L = \dfrac{6.35\,LV^2 n^2}{D^{4/3}}$ 　または	1.5.19
	$h_L = \dfrac{10.3\,LQ^2 n^2}{D^{16/3}}$	1.5.20

2. 2. 6
圧力損失に関連する式（その2）

❶圧縮性流体の流量を求める式

　圧縮性流体の流量を求める式の記号説明を**表2-2-14**に、計算式を**表2-2-15**に示します。

表 2-2-14 ｜ **圧縮性流体記号**（式 *1.5.21* ～式 *1.5.25*）

W：質量流量〔kg/s〕	Q：体積流量〔m³/h〕＠大気圧15℃
D：管内径〔m〕	d：管内径〔mm〕
P_1, P_2：入口、出口の絶対圧力〔bar〕	ΔP：入口、出口間の差圧〔bar〕
T：流体の絶対温度〔K〕	A：流路断面積〔m²〕
S：空気に対する当該気体の比重量比（＝当該気体の分子量／空気の分子量）	
v_1：入口の比容積〔m³/kg〕	Y：圧縮流に対する正味膨張係数
f：管摩擦係数（ムーディ線図より）	K：抵抗係数の合計（入口、出口損失含む）
L：管の長さ〔m〕	
E：管路効率係数、通常の状態の場合　0.92	Z：平均圧縮係数（例題3.2.5参照）

表 2-2-15 ｜ **圧縮性流体の流量を求める式**（文献❺）

式の名称	計算式、説明		式番号
等温変化の式		$W = 316 \sqrt{\dfrac{A^2}{v_1\left(\dfrac{fL}{D} + 2\log_e \dfrac{p_1}{p_2}\right)}\left(\dfrac{p_1^2 - p_2^2}{p_1}\right)}$	*1.5.21*
	パイプラインのようにLが大きい場合、対数項を無視	$W = 316 \sqrt{\dfrac{DA^2}{v_1 fL}\left(\dfrac{p_1^2 - p_2^2}{p_1}\right)}$	*1.5.22*
ウェイムスの経験式	$Q = 1.405 \times E \times d^{2.667} \sqrt{\left(\dfrac{p_1^2 - p_2^2}{S \times L \times T \times Z}\right)}$		*2.2.28*（*1.5.23*は簡易式）
Crane社のダルシー修正式（断熱変化に基づく）	$W = 3.51 \times 10^{-4} Yd^2 \sqrt{\dfrac{\Delta P}{Kv_1}}$		*1.5.24*
	$Q = 19.31\, Yd^2 \sqrt{\dfrac{\Delta P \cdot P}{KT_1 S}}$		*1.5.25*
	〔注〕Y、Kは文献❺によること		

〔注〕（式 *2.2.28*）の原式は $Q = 0.1182\left(\dfrac{T_S}{P_S}\right) \times E \times d^{2.667} \times \sqrt{\left(\dfrac{p_1^2 - p_2^2}{S \times L \times T \times Z}\right)}$ 〔m³/day〕

（原式は、https://www.eng-tips.com/viewthread.cfm?qid=391751、または GPSA Engineering Data Book-13ᵗʰedition による）原式において、$T_S = 288$〔K〕、$P_S = 101$〔kPa〕、とし、P_1, P_2 の単位〔kPa〕絶対圧を〔bar〕絶対圧に、Q の単位〔m³/day〕を〔m³/h〕に変更すると、（式 *2.2.28*）を得る。

❷調節弁などのバルブ容量（流量）に関する計算式

バルブの容量を表す数値として、容量係数があります。これを用いることにより、バルブの種類と口径の選定が容易なものとなります（**表2-2-16**）。

容量係数として、C_V、K_V、A_Vがありますが、もっともよく使われるのは、C_Vです。本来のC_V値の計算は、lb、in系で行われますが、ISO単位で計算する式もあります。どちらで計算しても、C_Vの値は同じになります。

表2-2-16 バルブ容量の計算式

項目	計算式	式番号
●調節弁などのバルブ（流体は液体）		
C_V値など	$C_V = Q\sqrt{\rho/\Delta P(62.4)}$ 流量：Q　US〔gal/min〕 差圧：ΔP〔lbf/in^2〕、密度：ρ〔lb/ft^3〕 上記C_V値をISO単位で計算するには、	2.2.29
	$C_V = 0.366Q_h\sqrt{G_L/\Delta P_{mp}}$	2.2.30
	$K_V = Q_h\sqrt{G_L/\Delta P_b}$	2.2.31
	$A_V = Q_s\sqrt{\rho/\Delta P_p}$ 流量：Q_h〔m^3/h〕、Q_s〔m^3/s〕 差圧：ΔP_{mp}〔MPa〕、ΔP_b〔bar〕、ΔP_p〔Pa〕 G_L：常温の水の密度を1としたときの流体の密度比 ρ：流体の密度〔kg/m^3〕	2.2.32
	三者の関係　$K_V = C_V/1.16$	2.2.33
	$A_V = 2.4 \times 10^{-5}C_V$	2.2.34
C_V値と抵抗係数Kとの関係	$C_V = 46200 \times D^2/\sqrt{K}$	2.2.35
	$K = 2.14 \times 10^9 \times D^4/C_V^2$	2.2.36
	ここに、D：内径〔m〕	
スチームトラップなどに対するドレン流量	$Q = K\sqrt{\Delta P}$ ここにK：トラップ形式、サイズなど、トラップ固有の係数（トラップメーカによる）、ΔP：トラップ前後の差圧	2.2.37

知って得する知識

「ラテラル」いう形状は　　　　　　のような形状をいいます。Y形ストレーナ、Y形玉形弁や管路の分岐、合流によく使われる形状です。

配管振動・水撃に関連する式

❶数式の記号

配管の振動に関連する式の記号とその意味を**表2-2-17**に示します。

表 2-2-17 | 配管の振動に関連する式の記号

記号	名称	単位	記号	名称	単位
y	振幅	m	L_e	配管の相当長さ	m
t	時間	S（秒）	c	音速	m/s
$F(t)$	外力	kg・m/s^2	f_{an}	n次の気柱固有振動数	Hz
f_n	n 次の機械固有振動数	Hz	V	流速	m/sec
L	サポート間配管長さ	m	g	重力の加速度	m/sec^2
E	ヤング率	Pa	H_0	管路のバルブ閉以前の圧力水頭	m
I	断面二次モーメント	m^4	L	管路の長さ	m
A	棒の断面積	m^2	T	バルブの全閉まで の時間	s
ρ	密度	kg/m^3	K	流体の体積弾性係数	GPa
k	ばね定数	kg/m	f	カルマン渦の発生振動数	Hz
m	質量	kg	S_t	ストローハル数	
η	減衰係数		d	円柱の直径	m
n	固有振動の次数 1,2,3,…		α_n	振動モードn次のときの係数	

❷振動に関する計算式（表2-2-18）

表 2-2-18 | 振動に関する計算式

項目	計算式	式番号
●減衰（ダンピング）のある振動の運動方程式		
系に減衰がある自由振動の場合で、減衰が空気抵抗のように速度 dy/dt に比例し、$-\eta(dy/dt)$ の場合	$\dfrac{d^2y}{dt^2}+\gamma\dfrac{dy}{dt}+\omega^2y=0$ ここに、$\gamma=\eta/m$、$\omega=\sqrt{k/m}$	2.2.38
●強制振動の運動方程式		
外から繰返す力が加わる強制振動の場合、外力を $F(t)$ とすると	$\dfrac{d^2y}{dt^2}+\gamma\dfrac{dy}{dt}+\omega^2y=f(t)$ ここに、$f(t)=F(t)/m$	2.2.39

項目	計算式	式番号
●棒の横振動の式		
単純支持梁の真直ぐなあまり太くなく一様断面の棒が中立軸を含む面内に横振動（軸と直角方向の振動）をするとき、n次の固有振動数、f_n〔Hz〕は右式で求められる。	$f_n = \dfrac{1}{2\pi}\left(\dfrac{a_n}{L}\right)^2 \sqrt{\dfrac{E \cdot I}{m}}$ $m = \rho \cdot A$	1.7.1
●気柱固有振動数の式		
気柱共振である定在波をつくる気柱の振動数f_{am}は、一様な流路断面を有する管路において、右式で求められる。	$f_{am} = \dfrac{a_n \cdot c}{2L_e}$ $\lambda = \dfrac{c}{f}$ より、$\lambda = \dfrac{2L_e}{a_n}$	1.7.3 1.7.4 2.2.40
●カルマン渦の発生振動数		
交互渦の振動数は（式1.7.5）で表される振動数の倍数となります。	$f = S_t \dfrac{V}{d}$	1.7.5

❸水撃に関する計算式（表2-2-19）

表2-2-19 水撃に関する計算式

項目	計算式	式番号
●流速が瞬時0になるときの水撃圧		
流速の流体が瞬時にΔV〔m/s〕の流速変化を生じるときの上昇圧力水頭、あるいは上昇圧力。	$\Delta H = c \cdot \Delta V/g$ 〔m〕 $\Delta P = \rho \cdot c \cdot \Delta V$ 〔Pa〕 （Joukowski の式）	1.7.6 1.7.6
●バルブ閉時間＞2L/Cの場合の水撃圧力		
バルブがゆっくり閉まり、バルブ閉時間＞2L/Cの場合の圧力上昇値H 〔アリエヴィ（Allievi）の式〕	$H = \dfrac{a^2}{2}\left(1+\sqrt{1+(4/a)^2}\right)\rho g H_0$ ここに、$a = \dfrac{LV}{gH_0T}$	2.2.41 2.2.42
圧力波（音）の速度	$c = \sqrt{\dfrac{K/\rho}{1+(K/E)(d/t)}}$ ここに、d：パイプ内径、t：パイプ肉厚	2.2.43
●バルブを緩い速度で閉じる場合の水撃圧力　その2（注1）		
Webサイト：Wikipedia"Water Hammer"および文献❸、ほか。 安全係数5をとった式	$P = 5200\dfrac{VL}{t} + P_1$ 〔Pa〕 V：弁急閉直前の流速〔m/s〕、 L：弁上流の管長〔m〕 t：弁閉鎖時間〔s〕 P_1：弁入口運転圧力〔Pa〕	2.2.44

〔注1〕 $F = ma = PA = \rho LA$ (dV/dt) 流速の減速の割合を一定とすると、$P = \rho LV/t$、流体が水の場合をフィート、ポンド系で書くと、$P = 0.0135\ VL/t + P_1$、安全係数5をとると、$P = 0.070\ VL/t + P_1$、（式2.2.44）はこの式をISO単位の式に書き直した。

2. 2. 8
ハンガ・サポートの算式

表 2-2-20 | スプリングハンガの荷重変動

スプリングハンガ	転移荷重 ＝ 運転時荷重 ー 停止時荷重	
	荷重変動率 ＝ $\dfrac{運転時荷重 ー 停止時荷重}{運転時荷重} \times 100\ \%$	2.2.45
	$\qquad = \dfrac{スプリングのばね定数 \times トラベル量}{運転時荷重} \times 100\ \%$	2.2.46
	〔注〕設計荷重を運転時荷重とすることを原則。	

表 2-2-21 | 推奨配管サポート間隔

呼び径　A	標準的最大スパン〔m〕	
	水管	蒸気、ガス、空気
25	2.1	2.7
50	3.0	4.0
80	3.7	4.6
100	4.3	5.2
150	5.2	6.4
200	5.8	7.3
300	7.0	9.1
400	8.2	10.7
500	9.1	11.9
600	9.8	12.8

表 2-2-21 の推奨配管サポート間隔（ASME B31.1 より）は下記条件に基づく。
(1) 厚さスタンダードウェイト（STD）以上の管で、運転温度 400 ℃以下の水平管に適用。
　　〔注〕 厚さ 9.5 mm 以下の管の STD の厚さは Sch40 の厚さと同じ。
(2) サポート間にバルブ、フランジなどの集中荷重がない。
(3) 間隔は、固定支持梁とした保温つきの管で、曲げ応力が 15.86 MPa 未満で、かつ、管重さによる沈み込みが 2.5 mm 以下の条件に基づいている。
　　〔注〕 **図 2-2-1**.のようなラック上の配管のように、直管に連続して支持点がある場合、支持点の状態は固定支持に近い状態となる。

図 2-2-1 | 連続梁と両端固定梁

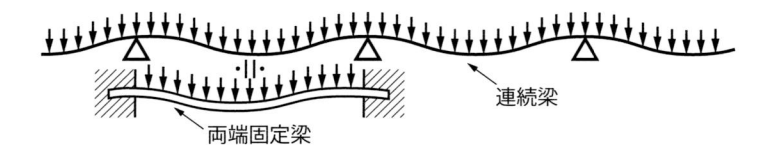

連続梁
両端固定梁

第 3 章

設計実践教室
設計課題を実際に解いてみる

3. 1. 1
管の耐圧強度を破壊理論で評価する

課 題

3つの破壊理論、すなわち主応力説、最大せん断応力説、最大ひずみエネルギー説、それぞれに基づき、設計圧力4 MPa、設計温度150℃の条件に対する、材質STPT410、350A、Sch.40の管の耐圧強度を評価しなさい。許容応力は118 MPa（表2-1-5）、厚さの負の公差は−12.5%、付加厚さは0とします。

実 行

表2-1-2より、350Aの外径は355.6 mm、Sch.40の厚さは11.1 mm、負の公差を考えた最小厚さtは、$t = 11.1 \ (1 - 0.125) = 9.71$ mmとなります。

内圧により管の壁に生じる応力は3種類あります。すなわち、

長手方向応力　（式$1.3.7$）より、$\sigma_1 = \dfrac{PD}{4t} = \dfrac{4 \times 355.6}{4 \times 9.71} = 36.7$ MPa

周方向応力　（式$1.3.8$）より、$\sigma_2 = \dfrac{PD}{2t} = \dfrac{4 \times 355.6}{2 \times 9.71} = 73.3$ MPa

第3の応力、半径方向応力σ_3は、管の壁を内圧が押し付ける応力で、一般に3つの応力の中で最も小さく、他の応力は引張りなのに対し、圧縮応力なので、−記号を付けます。

半径方向応力　$\sigma_3 = -P = -4$ MPa　　　　　　　　　　　（式$3.1.1$）

これらは3方向の主応力です。したがって、このときせん断応力は存在しません。すなわち$\tau = 0$。主応力の大きさの順序は、$\sigma_2 > \sigma_1 > \sigma_3$です。

①最大主応力説

最大主応力説は最大の主応力が降伏点に達すると破損するという説です。

本課題の最大主応力は、周方向応力$\sigma_2 = 73.3$です。許容値は、本課題では降伏点ではなく、安全を見て、許容引張応力、118 MPaとします。

最大主応力が許容値以下ですので、耐圧強度は十分です。

②最大せん断応力説

1.4.8項に記したように、「最大せん断応力が降伏点の1/2に達したとき、破損する」というのが、最大せん断応力説です。

本課題のように三次元の場合は、（最大主応力−最小主応力）/2が最大せん

断応力になります。本課題では、主応力の大きさが$\sigma_2 > \sigma_1 > \sigma_3$、なので、（式$1.4.25$）、$\tau_{max}(S_1 - S_2)/2$に相当する式は、$\tau_{max}(\sigma_2 - \sigma_3)/2$となります。

　したがって、$\tau_{max} = |73.3 - (-4)|/2 = 38.7\,\text{MPa}$、最大せん断応力に対する許容値は、許容引張応力の1/2として、$118/2 = 59\,\text{MPa}$となり、耐圧強度は十分となります。

③せん断ひずみエネルギー説

　「せん断ひずみエネルギーが降伏点に達すると降伏が始まる」というのが、せん断ひずみエネルギー説で、降伏しない条件は、三次元面内の応力で、（式$1.4.26$）より、次のようになります。

$$(\sigma_1 - \sigma_2)^2 + (\sigma_2 - \sigma_3)^2 + (\sigma_1 - \sigma_3)^2 < 2 \times (\text{引張試験の降伏点})^2 \quad (式3.1.2)$$

　許容値は安全を考え、降伏点の代わりに許容引張応力とします。また、（式$3.1.2$）を許容引張応力と直接比較する形に変形すると、次のようになります。

$$\frac{1}{\sqrt{2}}\{(\sigma_1 - \sigma_2)^2 + (\sigma_2 - \sigma_3)^2 + (\sigma_1 - \sigma_3)^2\}^{1/2} < \text{許容引張応力} \quad (式3.1.3)$$

　数値を入れると、

$$\frac{1}{\sqrt{2}}\left[|36.7 - 73.3|^2 + |73.3 - (-4)|^2 + |36.7 - (-4)|^2\right]^{1/2}$$

$$= \frac{1}{1.41}(1340 + 5980 + 1660)^{1/2} = 67.2\,\text{MPa}$$

許容値は引張許容応力で、$118\,\text{MPa}$。したがって、耐圧強度は十分です。

　参考までに、以上の結果をまとめて、計算応力が許容値のどのレベルになっているかを比較すると、表3-1-1のようになります。また、主応力説と最大せん断応力説をモールの円で表すと図3-1-1のようになります。

表 3-1-1 ｜ 各破壊理論の計算結果比較

破壊理論	計算値〔MPa〕	許容値〔MPa〕	計算値/許容値
主応力説	73.3	118	0.62
最大せん断応力説	38.7	59	0.66
ひずみエネルギー説	67.2	118	0.57

図 3-1-1 ｜ 主応力説、最大せん断応力説とモールの円

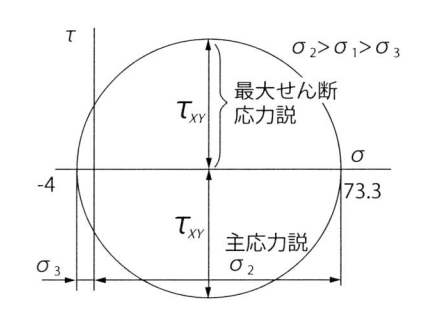

直管の必要厚さを求める

課題1　直管の強度計算

400A、STS480の管を設計圧力20 MPa、設計温度150℃で使用するとき、管の必要厚さと、スケジュール番号を決めなさい。腐れ代を含む付加厚さを2.5 mm、製管時の負の厚さ公差を−12.5 %、STS480の150℃における許容応力を138 N/mm²とします。計算式はASME B31.1の外径基準式を使用します〔日本機械学会規格（文献**⑰**）の式に同じ〕。

実　行　まず、（式 *1.9.1*）で、Sch. 番号の当たりをつけてみると、

Sch. 番号 = 1000（P/S）= 1000（20/138）= 145

となり、Sch.140 か Sch.160 になるであろうと当たりがつきます。

必要厚さの計算式は、ASME B31.1の外径基準の（式 *1.3.11*）を使用します。$P = 20$、$D = 406.4$、$S = 138$、$E = 1.0$（継ぎ目なし）、$k = 0.4$（表2-2-2の①より）、$A = 2.5$より、

$$t = \frac{20 \times 406.4}{2(138 \times 1 + 0.4 \times 20)} + 2.5 = 30.4 \text{ mm}$$（安全サイドになるよう小数点2桁目切上げ）

〔注〕管の必要厚さの計算において、外径は製造上の外径公差を含める必要はありません（文献**❾**の例題、および文献**⓫**参照）。

400Aで、30.4 mmを上回る厚さの管はS/160の40.5 mm（表2-1-2）のほかに、S/140の厚さ36.5 mmがあります。この管の負の公差を考えた最小厚さは、36.5 ×（1 − 0.125）= 31.9 mmで必要厚さ30.4 mmを満足します。Sch.140 は汎用性が少ないので、Sch.160 の管を採用する手もあります。

課題2　クリープ領域にある溶接鋼管の強度計算

長手継手のある900A（外径914.4 mm）の管を設計圧力1.5 MPa、設計温度550℃（クリープ域温度）の条件下で使いたい*。材質はASME規格のSA691 2¼Cr CS-2**の溶接鋼管（鋼板を巻いてつくる）とします。ここで、負の外径公差：−0.8 mm、負の厚さの公差：−0.3 mm、正の機械加工公差：0.25 mm、付加厚さ1 mmとして、次の条件のもとに、この管に使用する板厚さを決めなさい。

(1)計算式と許容応力はB31.1の外径基準式と許容応力を使用するものとします（ここで使う ASME B31.1　2014年版の式と許容応力は、原則的に文献**⑰**の日本機械学会規格2017年追補の式と許容応力に一致します）。

(2)この周継手は放射線透過試験を行うため、開先ルート部内面に段差ができないように下記のC寸法で内面機械加工（シーニングという）を行います。

C*** = 外径 − 2×（負の公差を入れた最小肉厚）−（正の機械加工公差）

〔注〕 *クリープ温度領域における長手継手の溶接強度低下を考慮した計算式を導入した基準、規格は2018年6月現在、国内では、ASME B31.3をベースとするJPI7S-77とASME B31.1をベースとする日本機械学会 発電用火力設備規格 STA1、および電気技術規定（JEAC)3706などです。

**CS-2は非破壊検査がクラス2のことで、100％のRTまたはUTの体積試験を実施した長手継手の管を意味します。

***C寸法に関する記事が147頁の「知って得する知識」にあります。

実　行　上記規格の、クリープ域における外径基準の必要厚さ計算式（式 *1.3.14*）により必要厚さ t を求めます。

$$t = \frac{PD}{2(SEW + kP)} + A = \frac{1.5 \times 914.4}{2(47.7 \times 0.79 + 0.7 \times 1.5)} + 1.0 = 18.8 \text{ mm}$$

変数の数値は以下のようにして求めました。$P = 1.5$ MPa、$D = 914.4$ mm、$k = 0.7$（表2-2-2の①より）、SE、WはASME B31.1から持ってきます（日本機械学会規格（文献**⑰**）から持ってきても同じです）。すなわち、$SE = 47.7$ MPa、Wは538℃で0.82、566℃で0.77なので直線比例で550℃のWを求めます。

$$W = \frac{550 - 538}{566 - 538}(0.82 - 0.77) + 0.77 = 0.79 \quad \text{また、} A = 1.0$$

そこで、厚さ20 mmの板を使うことにしてみます。

C ＝外径 − 2×（負の公差を入れた肉厚）− 正の機械加工公差　　　（式 *3.1.4*）

　　＝ 914.4 − 2(20 − 0.3) − 0.25 = 874.75

このC寸法で内面加工したとき、＋0.25 mmの機械公差があるとすると、開先部加工後の最大内径は、$C + 0.25 = 875.0$　となる可能性があります。開先部において考えられる最小厚さt_{min}は（最小外径 − 最大内径）/2ですから、

$$t_{min} = \frac{(914.4 - 0.8 - 875)}{2} = 19.3 \text{ mm}$$

（この最小厚さは負の公差を考えた管の厚さ19.7 mmより薄くなることに注意します。）

この最小厚さは必要厚さ18.8 mmを満足するので、この管に使用する板の厚さは、厚さ20 mmを使えばよいことになります。

3. 1. 3
エルボ・ベンドの強度評価

課題1 **エルボ、スムースベンドの強度評価**

　300A、Sch.40、STPA24の管を曲げ半径$3D$（Dは管外径）で曲げたベンドを設計温度510℃、設計圧力3 MPaで使用できるか、強度評価をしたい。付加厚さは2 mmとします。なお、ベンド加工による肉厚変化はないと仮定します。

　〔注〕一般にベンドは、曲げ半径の中立軸より内側部分の壁厚さはベンド加工により管の厚さより厚く、外側は薄くなる傾向があります。

実　行

　スムースベンドの背側より応力が高くなる、腹側の必要厚さtの評価式は、ASME B31.1からの、（式$2.2.5$）を使います。すなわち、

$$外径基準の式 \quad t=\frac{PD}{2(SE/I+kP)}+A \qquad （式2.2.5）$$

$$ここに、\quad I=\frac{4(R/D)-1}{4(R/D)-2}$$

上記式の変数は以下のようになります。

$P=3$、$D=318.5$、$E=1$（継目なし）、（表2-2-2の①より）$k=0.5$、$A=2$、$R=3D$。

　STPA24、510℃の許容応力（安全係数3.5）は、許容引張応力表より、500℃で81 MPa、525℃で64 MPaであることを読み取り、直線比例で、以下のように求めます。

$$許容応力 \quad S=81-\frac{10}{25}(81-64)=74.2 \text{ MPa} \qquad そして、$$

$$I=\frac{4\times3-1}{4\times3-2}=1.1 \qquad したがって、$$

$$t=\frac{3\times318.5}{2(74.2\times1/1.1+0.5\times3)}+2=8.93 \text{ mm}$$

　一方、300A、Sch.40の呼び厚さは10.3 mm、厚さの負の公差-12.5％を考慮した最小厚さは、10.3$(1-0.125)=9.01$ mm。必要厚さ8.93 mmよりも、最小厚さ9.01 mmの方が厚いので、耐圧強度を満足します。

図 3-1-2 課題のマイタベンドの形状

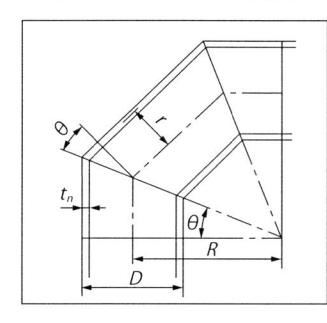

管外径 D : 905.8 mm

管の厚さ t_n : 9.5 mm

曲げ半径 $R = 1.5D = 1.5 \times 905.8 = 1358.7$ mm

管製造時の厚さの負の公差：−0.3 mm、

継手部の偏位角 $\theta = 22.5°$

管の平均半径 $r = \{914.4 - (9.5 - 0.3)\}/2 = 452.6$ mm

課題2 マイタベンドの強度評価

　SB410の鋼板で製造された、**図3-1-2**に示す、外径、厚さで作られたマイタベンドにつき、ASME B31.1〔日本機械学会規格（文献**⓱**）でも同じ〕により設計圧力0.5 MPa、設計温度150℃に対し強度評価をしなさい。ただし、付加厚さ$A = 1.5$ mm、長手継手溶接効率$E = 1.0$（100％放射線透過試験実施）とします。

実　行

　B31.1 による評価では、狭い間隔のマイタか、広い間隔のマイタかをまず判別します。（式2.2.7）、（式2.2.8）のどちらの式を採るかは、Sと$r(1 + \tan\theta)$の大小の比較を行うことにより決まります（表2-2-2参照）。Sは図3-1-2より、

$$S = 2R \tan\theta = 2 \times 1358.7 \times 0.4142 = 1125$$

　また、$r(1 + \tan\theta) = 452.6 \ (1 + 0.4142) = 640$

　$S > r(1 + \tan\theta)$ なので、広い間隔のマイタベンドに該当し、（式2.2.8）を採ります。SB410の150℃の許容応力は、118 MPa（安全係数3.5）です。

　（式2.2.8）のtは直管の必要厚さなので、（式1.3.11）より、

$$t = \frac{PD}{2(SE + kP)} + A = \frac{0.5 \times 905.8}{2(118 \times 1 + 0.4 \times 0.5)} + 1.5 = 3.42 \text{ mm}$$

　したがって、（式2.2.8）は、

$$t_s = t\left(1 + 0.64 \sqrt{\frac{r}{t_s}} \tan\theta\right) = 3.42\left(1 + 0.64 \sqrt{\frac{452.6}{t_s}}\, 0.4142\right) = 3.42\left(1 + \frac{5.65}{\sqrt{t_s}}\right)$$

　この式で、t_sを変えていき、左辺がわずかに右辺より大きくなるt_sを見つけます。左辺t_sが9.6 mmで、右辺は9.65 mm。左辺t_sが9.7 mmで、右辺は9.62 mm、すなわち、厚さの負の公差を考慮した厚さが9.7 mmの板厚を選択します。したがって、STDでは厚さが不足するので、XS（厚さ12.7 mm）を採用します（負の公差を考えた厚さ、12.7−0.3 = 12.4 mm ＞必要厚さ9.7 mm）。

3. 1. 4
管分岐部の強度評価

課　題

　設計圧力2 MPa、設計温度150℃で使用する、**図3-1-3**に示す、SB450の板を巻いて溶接した（長手継手の溶接効率0.85）、内径1800 mm（＋の内径公差：0）、厚さ20 mmの主管に、主管の長手継手をとおる穴を開け（通常、長手継手は穴を避けますが、ここでは演習のため、あえて穴をとおる設定としました）、STPG410-S、200A、Sch.80、の管台を、SB450、厚さ18 mmの補強板付きで溶接した分岐部の強度をJIS B 8201「鋼構造陸用ボイラ」およびASME B31.1 Power Piping〔または日本機械学会規格（文献**⑰**）〕、おのおのに従い評価しなさい。許容応力は安全係数3.5、腐れ代を含む付加厚さは2 mmとします。管、板の仕様を表3-1-2に示します。

図 3-1-3　課題の分岐部

〔注〕本図の数値は JIS B 8201 の場合を示す。また B31.1 の L_1、L_2 は表 3-1-3 に示す。

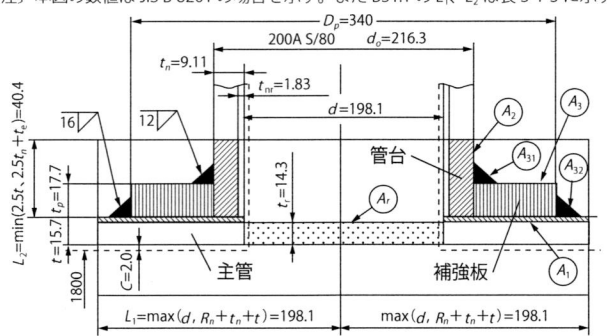

表 3-1-3　JIS B 8201 と ASME B31.1 の方法の相違

	JIS B 8201	ASME B31.1
最小厚さ：t、t_n	厚さ－（A＋厚さ負の公差）	厚さ－厚さの負の公差
必要厚さ：t_r、t_{nr}	t_r計算式にE、Aを含めない	t_r、t_{nr}計算式にE、Aを含める
補強必要面積：A_r	$F \cdot t_r \cdot d_i$	$(t_r - A) \cdot d_i$
主管有効面積：A_1	$(2L_1 - d) \times (E \cdot t - F \cdot t_r)$	$(2L_1 - d) \times (t - t_r)$
主管軸方向有効範囲（片側）L_1	$\max(d, t + t_n + d_i/2)$	$\max\{d_i, (t_r - A) + (t_n - A) + d_i/2\}$
垂直方向有効範囲L_2	$\min(2.5t, t_p + 2.5t_n)$	$\min\{2.5(t - A), t_p + 2.5(t_n - A)\}$

〔注〕主管の長手継手が穴を通っていない場合、補強計算に使う t_r と A_1 の計算式中の E は 1 としてよい。

表 3-1-2　材質、寸法、許容応力

		単位mm、MPa
主管	材質	SB45
	内径	1800
	厚さ	20
	厚さ公差	− 0.3
	許容応力 σ_m	128
管台	材質	STPG410-S
	外径	216.3
	厚さ	12.7
	厚さ公差	− 12.5 %
	許容応力 σ_n	118
補強板	材質	SB45
	厚さ	18
	厚さ公差	− 0.3
	許容応力 σ_p	128

実　行

JIS B 8201とASME B31.1による穴の補強計算は計算過程で、**表3-1-3**に示す相違点があります。相違点のポイントは、JISの方は、管の必要厚さの計算において、必要厚さの式をそのまま使うのに対し、ASMEの方は、必要厚さの式から、E、Aを除き、面積計算の過程でそれらを考慮している点です。

計算に使用する150℃の許容応力は、日本機械学会規格（文献**⑰**）（安全係数3.5）の許容応力表より、SB450：128 MPa、STPG410-S：118 MPaとします。

❶最初に、JIS B 8201の方法で評価する

①主管、管台の必要厚さの計算

主管の必要厚さは、内径基準の（式1.3.13）より求めます。内径基準の式で必要厚さを求めるときは、可能性のある最大の内径をとります。温度の関数であるkは表2-2-2の①より、フェライト系材料なので0.4です。また、JIS B 8201では、長手継手が穴をとおっても、溶接効率Eは、主管の補強有効面積の方を目減りさせるので、計算厚さの式に含めません。付加厚さAも穴の径で考えるので、計算厚さの式に含めません。主管の最大内径は仕様における最大内径（＝1800）に2×（付加厚さ）を加えたものになるので、$D_i = 1800 + 2 \times 2 = 1804$。

本課題には、主管、管台、補強板の3種類の部材があるので、許容応力の記号をそれぞれ、σ_m、σ_n、σ_pとします。以上より、主管の必要厚さt_rの式は、

$$t_r = \frac{PD_i}{2\{\sigma_m - (1-k)P\}} = \frac{2.0 \times 1804}{2\{128 \times 1 - (1-0.4)2.0\}} = 14.3 \text{ mm}$$

管台の必要厚さt_{nr}は外径基準の（式1.3.11）より求めます。外径基準の式では、外径d_oは公差を考えない外径（JISで決められた外径）です。kは0.4、付加厚さAは含めません。

$$t_{nr} = \frac{Pd_o}{2\{\sigma_n E + kP\}} = \frac{2.0 \times 216.3}{2\{118 \times 1 + (0.4 \times 2.0)\}} = 1.83$$

〔注〕必要厚さの計算では端数は切り上げます。

②補強に必要な面積A_rの計算

A_rは、$A_r = F\,t_r\,d_i$の式で計算。ここに、Fは穴断面が主管の長手軸となす角度により決まる係数ですが、通常は角度を0にとったときの1を使います。

d_iは寿命経年後の穴径で、$d_i = $（外径 − 2×最小厚さ）$= \{$外径 − 2（厚さ − 負の厚さ公差 − 付加厚さ）$\}$です。したがって、穴の経年後の径d_iは、

$d_i = 216.3 - 2\{12.7(1-0.125) - 2\} = 198.1$　よって、

$A_r = F\,t_r\,d_i = 1.0 \times 14.3 \times 198.1 = 2833 \text{ mm}^2$

③補強に有効な全面積 A の計算

使う式は、（式1.3.17〜式1.3.22）です。

$$A = \sum A_i = A_1 + A_2 + A_3 + A_{31} + A_{32}$$

$$A_1 = (2L_1 - d_i)(Et - Ft_r), \quad A_2 = 2L_2 \times (t_n - t_{nr})f_1, \quad A_3 = (D_P - d_o) \times t_b \times f_3$$

$$A_{31} = (溶接脚長)^2 \times f_2, \quad A_{32} = (溶接脚長)^2 \times f_3$$

ここに、f_1、f_2、f_3 は強度補正のための面積低減係数で1.3.5項❸④参照。

$f_1 = \sigma_n/\sigma_m$、$f_2 = \min \ (f_1, f_3)$、$f_3 = \sigma_b/\sigma_m$ となります。

また、L_1、L_2 は表3-1-3の左側に示すJIS B 8201の式で求められます。

以上の式の変数に該当する数値を入れて計算すると、下記になります。

$$L_1 = \max \{198.1, (20 - 2 - 0.3) + 12.7(1 - 0.125) - 2 + 198.1/2 = 125.9\} = 198.1$$

$$L_2 = \min [2.5(20 - 2 - 0.3), 2.5\{12.7(1 - 0.125) - 2\} + (18 - 0.3)]$$

$$= \min \ (44.2, 40.4) = 40.4$$

$$A_1 = (2 \times 198.1 - 198.1) \times \{0.85 \times (20 - 2 - 0.3) - 14.3 \times 1\} = 147$$

$$A_2 = (2 \times 40.4) \times \{12.7 \ (1 - 0.125) - 2 - 1.83\} \times (118/128) = 542$$

$$A_3 = (340 - 216.3) \times (18 - 0.3) \times (128/128) = 2189$$

$$A_{31} = 12^2 \times (118/128) = 132$$

$$A_{32} = 16^2 \times (128/128) = 256$$

よって、

$$A = \sum A_i = A_1 + A_2 + A_3 + A_{31} + A_{32} = 147 + 542 + 2189 + 132 + 256 = 3266$$

④補強に有効な全面積と補強に必要な面積の比較

$A \geq A_r$ であれば、分岐部の強度は満足します。いま、$A = 3266 \geq A_r = 2833$ ですから、この分岐部の強度は十分にあります。

❷次に、ASME B31.1の方法で評価する

❶と共通する部分の説明は省略します。

①主管、管台の必要厚さの計算

主管の必要厚さは、B31.1の内径基準の（式1.3.12）より求めますが、B31.1 では、継手効率 E（長手継手が穴をとおる場合のみ）、と付加厚さ A は式に含めます。

式中に A が入っているので、D_i は A を考慮しません。

したがって、主管の必要厚さ t_r の式は、

$$t_r = \frac{PD_i + 2\sigma_m EA + 2kPA}{2(\sigma_m E + Pk - P)} = \frac{2.0 \times 1800 + 2 \times 128 \times 0.85 \times 2.0 + 2 \times 0.4 \times 2.0 \times 2.0}{2 \ (128 \times 0.85 + 2.0 \times 0.4 - 2.0)}$$

$$= 18.8$$

管台の必要厚さ t_{nr} はB31.1の外径基準の（式1.3.11）より求めます（付加厚 さ A を含めます）。

$$t_{nr} = \frac{Pd_o}{2\{\sigma_n E + kP\}} + A = \frac{2.0 \times 216.3}{2\{118 \times 1 + 0.4 \times 2.0\}} + 2 = 3.83$$

②補強に必要な面積A_rの計算

A_rは、$A_r = (t_r - A)d_i$ の式で計算。なお、d_iは❶と同じです。

〔注〕B31.1では、Fなる係数は考慮されていません。

$A_r = (t_r - A) \times d_i = (18.8 - 2.0)198.1 = 3329$

③補強に有効な全面積Aの計算

使う式は、❶と同じですが、（式 *1.3.18*）に係数がつきません。

$A = \sum A_i = A_1 + A_2 + A_3 + A_{31} + A_{32}$

$A_1 = (2L_1 - d_i)(t - t_r)$、$A_2 = 2L_2 \times (t_n - t_{nr})f_1$、$A_3 = (D_P - d_o) \times t_p \times f_3$

$A_{31} = (溶接脚長)^2 \times f_2$、$A_{32} = (溶接脚長)^2 \times f_3$

ここに、f_1, f_2, f_3は強度補正のための面積低減係数で❶と同じです。

L_1、L_2は表3-1-3の右側の式で計算します（結果は❶と同じになります）。

すなわち、以上の式の変数に該当する数値を入れて計算すると、下記になります。

$L_1 = d_i = 198.1$、$L_2 = t_p + 2.5 \ (t_n - A) = 40.4$

$A_1 = (2 \times 198.1 - 198.1) \times \{(20 - 0.3) - 18.8\} = 178$

$A_2 = 2 \times 40.4 \times \{12.7(1 - 0.125) - 1.83\} \times (118/128) = 690$

A_3、A_{31}、A_{32}は❶と同じです。

よって、

$A = \sum A_i = A_1 + A_2 + A_3 + A_{31} + A_{32} = 178 + 690 + 2189 + 132 + 256 = 3445$

④補強に有効な全面積と補強に必要な面積の比較

$A \geq A_r$であれば、分岐部の強度は満足します。

いま、$A = 3445 > A_r = 3329$ ですから、この分岐部の強度は十分にあります。

知って得する知識

ASME B16.25 BUTTWELDING ENDS におけるC寸法（3.1.2項関連）

ASME B16.25では、突合せ溶接開先部の内面加工寸法Cを、$C =$（公差を考慮した最小外径 − 2 × 公差を考慮した最小厚さ − 正の機械加工公差） とすることにより、シーニング加工後の最小厚さが、負の公差を考えた管の厚さを下回らないようにしています。しかし、B16.25のC寸法を採用すると、外径が正の公差になると、C寸法が管の実内径より小さくなることがあり、機械加工できずに、加工のままでは開先ルート内面の段差を解消できないことが起こりえるので、（式 *3.1.4*）のC寸法を採用することがあります。

3. 1. 5
外圧に対する強度評価

課　題

　材質SM400B、外径D：1828.8 mm、厚さt：9.5 mm（負の公差、-0.3 mm）、管の長さLは十分長い（100 m）とし、常温における座屈限界圧力P_aを、①Bresse-Bryanの式により、および②JIS B 8265の方法により求めなさい。

　なお、②の方法によるときは、JIS B 8265など、②の冒頭に示すいずれかの規格に記載されているチャートを利用願います。

実　行

❶ Bresse-Bryan の式による評価

　Bresse-Bryanの（式1.3.23）により座屈限界圧力P_aを求めます。

$$P_a = \frac{2E}{3(1-v^2)}\left(\frac{t}{D}\right)^3 \text{MPa} \qquad\qquad (式1.3.23)$$

　上式に、$E = 200 \times 10^3$ MPa（表2-1-6）、$v \approx 0.293$（表2-1-4）、$D = 1828.8$ mm、$t = 9.5$ mm（負の公差、-0.3 mm）　を代入すると、P_aが求まります。

$$P_a = \frac{2 \times 200 \times 10^3}{3(1-0.293^2)}\left(\frac{9.5-0.3}{1828.8}\right)^3 = 0.0185 \text{ MPa} = 18.5 \text{ kPa}$$

❷ JIS B 8265 による座屈限界圧力の計算方法、管が十分長い場合

　ASME Boiler & Unfired Pressure Vessel Code Section Ⅷ の方法が、JIS B 8265、JIS B 8267の圧力容器の規格にとり入れられていますが、ここではJIS B 8265圧力容器の構造−一般事項　の付属書E、E.4「外圧を保持する胴と鏡板」の図E.9と図E.10を使い、座屈限界圧力を求める手順を説明します。

　本課題のように、D、t、Lは既知とします（もしも、設計圧力（外圧−内圧）であるP_aが与えられて厚さtを求める場合は、tを仮定し、試行錯誤でP_aを満足するtを求めます）。以下の手順番号はJIS B 8265のものを示します。

〔手順1〕図E.9を使うに先立ち、D/tとL/Dを求めます。

　　$D/t = 1828.8/(9.5-0.3) = 198.8$、$L/D = 100000/1828.8 = 54.7$

〔手順2〕図E.9において、縦軸に$L/D = 50^*$をとり、右へ水平に伸ばし、$D/t = 198.8 \approx 200$の曲線との交点を垂直に下に降ろし、横軸のAの値、$A = 0.000028$を読み取ります（$^*L/D > 50$の場合は$L/D = 50$とします）。

$D/t \geq 10$ の場合は〔手順4〕へとびます（多くの場合、$D/t \geq 10$ となります）。

〔手順4〕 使用材料SM400B（規格最小降伏点245 N/mm²）に該当する、図E.10 (2) の図（規格最小降伏点245 N/mm²以上の炭素鋼、低合金鋼用）を使用します。$A = 0.000028$ を横軸にとり、その点より垂線を立て、"150℃以下" に対応する曲線との交点におけるBを求めます。しかし、当該曲線は$A = 0.000028$のところで、チャート外になってしまうため、交点が求められません。このような場合は、（式 1.3.25）、$B = 0.5EA$ の式でBを求めます。Eはヤング率で、2×10^3 MPa、したがって、

$$B = 0.5 \times 200 \times 10^3 \times 2.8 \times 10^{-5} = 2.8$$

〔手順5〕 〔手順4〕の(3)で求めたBの値を使い、（式1.3.26）から座屈許容外圧を求めます。

$$P_a = \frac{4B \cdot t}{3D} = \frac{4 \times 2.8 \times 9.2}{3 \times 1828.8} = 0.0187 \text{ MPa} = 18.7 \text{ kPa}$$

この値は❶の方法で得た結果と近似しています。

❸ JIS B 8265 による座屈限界圧力の計算方法－管が十分長くない場合

胴両端に鏡板が溶接された、胴の有効長さL（胴長さに鏡板の深さの1/3ずつを加えます）が10 m、もしくは、10 mの距離をおいて、強固な補強用リムの入った管の、限界座屈圧力を❷の方法で求めます（**図3-1-4**参照）。

〔手順1〕 $D/t = 1828.8/(9.5 - 0.3) = 198.8$、$L/D = 10000/1828.8 = 5.47$

〔手順2〕 上記、図E.9のチャート上で$D/t \approx 200$、$L/D = 5.47$ となるAの値を読み、$A = 0.00008$ を得ます。$D/t \geq 10$なので手順4へとびます。

〔手順4〕 図E.10(2)を使用します。$A = 0.00008$を横軸にとり、その点より垂線を立て、"150℃以下" に対応する曲線との交点におけるBを求めます。しかし、❷の場合と同様に、チャートでは交点が求められません。そこで、$B = 0.5EA$の式でBを求めます。$B = 0.5 \times 200 \times 10^3 \times 8 \times 10^{-5} = 8.0$

〔手順5〕 ❶と同じ要領でP_aを求めます。

$$P_a = \frac{4B \cdot t}{3D} = \frac{4 \times 8 \times 9.2}{3 \times 1828.8} = 0.053 \text{ MPa} = 53 \text{ kPa}$$

このように、「長さの短い管」は、JIS B 8265 の方法によれば、Bresse-Bryanの式で求めるものより、高い座屈限界圧力をとることができます。

図 3-1-4 鏡板のある胴、補強リムにある管と外圧設計長さ L

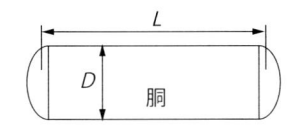

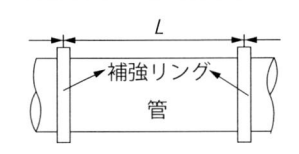

直管の損失水頭を求める

課 題

流量 Q：$0.3\,\mathrm{m^3/s}$ の $15\,℃$ の水を内径 D：$500\,\mathrm{mm}$ の新しい鋼管で、距離 L：$3\,\mathrm{km}$ を輸送します。この配管の損失水頭を次の各方法で求めなさい。

(1)ムーディ線図で管摩擦係数 f を求め、ダルシーの式を使う、(2)ハーランドの式で管摩擦係数 f を求め、ダルシーの式を使う、(3)マニングの経験式を使う、(4)ヘーゼン・ウィリアムスの経験式を使う。

実 行

❶ f をムーディ線図で求め、ダルシーの式により損失水頭を求める

管摩擦係数 f を求めるには、管内表面の相対粗さ ε/D と Re 数が必要です。市販鋼管の管内面表面粗さ ε は $0.05\,\mathrm{mm}$ （1.5.4項❸参照）、したがって、相対粗さは、$\varepsilon/D = 0.05/500 = 0.0001$。次に、$Re$ 数を求めます。管内面積 A を求め、次いで平均流速 V を求めます。

$A = (\pi/4)d^2 = (\pi/4)0.5^2 = 0.196\,\mathrm{m^2}$、流速 $V = Q/A = 0.3/0.196 = 1.53\,\mathrm{m/s}$、

$15\,℃$ の水の密度 ρ：$999\,\mathrm{kg/m^3}$、水の粘度 μ：約 $0.0012\,\mathrm{Pa\cdot s}$（これらは表2-1-7のデータを使い、直線比例で求めました）。

したがって、Re 数 $= \dfrac{DV\rho}{\mu} = \dfrac{0.5 \times 1.53 \times 999}{0.0012} = 637{,}000$

Re 数の乱流の下限値、4000を超えているので乱流となります。図1-5-6のムーディ線図において、相対粗さの右側縦軸より、$\varepsilon/D = 0.0001$ の線を左へたどり、下端横軸の Re 数 $= 6.37 \times 10^5$ を垂直に上へたどり、両者の交点を左へ水平に進め、左端縦軸の f を読むと、$f = 0.0139$ を得ます。ダルシーの式より

$$h_L = f\,\frac{L}{D}\,\frac{V^2}{2g} = 0.0139\,\frac{3000}{0.5}\,\frac{1.53^2}{2 \times 9.81} = 9.95\,\mathrm{m}$$

❷ 表2-2-12から、ハーランドの式で f を求め、f を使ってダルシーの式により損失水頭を求める

先ず、ハーランドの式で f を求めます。

$$\frac{1}{\sqrt{f}} = -1.8 \log\left\{\left(\frac{0.0001}{3.7}\right)^{1.11} + \frac{6.9}{6.95 \times 10^5}\right\} = -1.8 \log\,(8.50 \times 10^{-6} + 9.92 \times 10^{-6})$$

$= -1.8 \log (18.42 \times 10^{-6}) = -1.8 \times (-4.73) = 8.51$

したがって、$f = \dfrac{1}{8.51^2} = 0.0138$、$f$ の値は❶のfとほとんど変わらないので、

損失水頭は❶の結果とほぼ同じになります。

❸マニングの経験式を使い、損失水頭を求める

マニングの経験式の中から、(式1.5.20)、$h_L = \dfrac{10.3LQ^2 n^2}{D^{16/3}}$ を使います。

このケースでは、係数 n は表1-5-1より、$n = 0.012$ とします。ほかの変数は、❶と同じ数値を使います。

$$h_L = \frac{10.3 \times 3000 \times 0.3^2 \times 0.012^2}{0.5^{16/3}} = \frac{0.401}{0.0248} = 16.2 \text{ m}$$

❹ヘーゼン・ウィリアムスの経験式を使い、損失水頭を求める

ヘーゼン・ウィリアムスの経験式の中から、(式1.5.17) $h_L = \dfrac{10.7Q^{1.85}L}{C^{1.85}D^{4.87}}$ の式を使います。

このケースの場合、C は、表1-5-1より、$C = 120$ とします。ほかの変数は、❶と同じ数値を使います。

$$h_L = \frac{10.7 \times 0.3^{1.85} \times 3000}{120^{1.85} \times 0.5^{4.87}} = \frac{3460}{240} = 14.4 \text{ m}$$

考察

この例題においては、ムーディ線図で読んだfとハートランドの式で計算したfはほぼ一致しました。ハートランドの式で求めるfは$4000 \leq Re \leq 10^8$において、コールブルックの式による値に対し、誤差±1.5%と言われています(文献❼)。

また、経験式による損失水頭は、ダルシーの式による実際に近い損失水頭に比べて、やや多めの損失水頭が出る傾向があるようです(表3-2-1参照)。

表3-2-1 計算結果の比較

		計算損失水頭	計算結果の比較
ダルシーの式	f:ムーディ線図	9.95	1.0とすると
	f:ハートランドの式	9.95	1.0
マニングの経験式		16.2	1.63倍
ヘーゼン・ウィリアムスの経験式		14.4	1.45倍

ポンプ系配管の流量を求める（1）

課 題

　以下に示すポンプ配管系管路のシステム抵抗曲線を描きなさい。

　図3-2-1は配管吸込槽の水温20℃の水を吐出槽へ、設計流量0.13 m³/sで汲み上げる計画図です。いずれの槽も大気開放で、使用配管は吸込管、吐出管ともに250A、Sch.40です。直管長さ、管継手、バルブの種類、数、ポンプ実揚程算出のデータは図中に示されています。抵抗係数Kを**表3-2-2**に示します。

図 3-2-1 ポンプ配管系

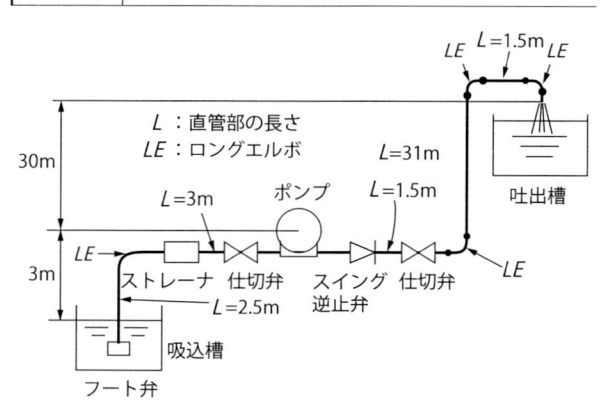

表 3-2-2 抵抗係数

品名	K
LE	0.2×4個
フート弁	1.1
ストレーナ	6
仕切弁	0.12
スイング逆止弁	0.75
管入口損失	0.5
管出口損失	1.0

実 行

❶損失水頭をダルシーの式で求める

　管摩擦係数を求めるには、Re数が必要のため、変数である内径、流速、密度、粘度を求めます。表2-1-7から密度ρ：998.2 kg/m³、粘度μ：0.001 Pa·sを得ます。表2-1-2の鋼管諸元表より、250A、S/40の管内径は267.4 − 2×9.3 ＝ 248.8 mm＝0.2488 m、平均流速$V = Q/(\pi/4)d^2 = 0.13/(0.785×0.2488^2) = 2.68$ m/s
Re数は（式1.5.4）より、Re数 ＝ $DV\rho/\mu = 0.249×2.67×998/0.001 = 6.65×10^5$

　鋼管は新品とし、管の表面粗さ0.05 mm、したがって、相対粗さは、

　　$\varepsilon/d = 0.05/248.8 = 0.0002$

　ハーランドの式（式2.2.19）よりfを求めます。

$$\frac{1}{\sqrt{f}} = -1.8 \log\left\{\left(\frac{0.0002}{3.7}\right)^{1.11} + \frac{6.9}{6.85 \times 10^5}\right\} = -1.8 \log(2.84 \times 10^{-5}) = 8.19$$

$$\therefore \quad f = 0.015$$

直管部総長さ $L = 2.5 + 3 + 1.5 + 31 + 1.5 = 39.5$ m

したがって、直管部の損失水頭 h_P は、

$$h_P = f\,\frac{L}{D}\,\frac{V^2}{2g} = 0.015\,\frac{39.5}{0.2488}\,\frac{V^2}{2 \times 9.81} = 0.122V^2$$

局所損失水頭 h_F は、$\sum K = (0.2 \times 4 + 1.1 + 6 + 0.12 + 0.75 + 0.5 + 1.0) = 10.27$ より

$$h_F = \sum K\,\frac{V^2}{2g} = 10.27\,\frac{V^2}{2 \times 9.81} = 0.523V^2 \qquad\qquad (式3.2.1)$$

全損失水頭は、$h_L = h_P + h_F = (0.122 + 0.523)V^2 = 0.645V^2 = 0.645\,(2.68)^2 = 4.63$ m

(式3.2.1) を h_L と Q の関係にした (式3.2.2) はシステム抵抗曲線の式です。

$$h_L = 0.645V^2 = 0.645\,(4Q/\pi D^2)^2 = 0.645\,\{4Q/(3.14 \times 0.2488^2)\}^2 = 274Q^2$$

$$(式3.2.2)$$

❷損失水頭−流量座標上にシステム抵抗曲線をプロットする

　システム抵抗曲線（以下、抵抗曲線と略す）は、流量を横軸に、損失水頭を縦軸に、流量と損失水頭の関係、（式3.2.2）を、プロットしたものです。**図3-2-1**の系では、流量に関係なく、水を下の槽から上の槽へ、$(3 + 30) = 33$ mの高さを揚水する必要があります。これを**実揚程**といい、抵抗曲線を描くとき、損失水頭を実揚程に上乗せします。このポンプ配管系の抵抗曲線は、水頭が流量0の実揚程の点を始点とした右上がりの二次曲線（実線）となります。

　ポンプメーカが提出するポンプ揚程曲線を同じ座標上にプロットします（破線）。ポンプ揚程曲線と抵抗曲線の交点が運転点となり、運転点流量は設計流量以上である必要があります（実線）。設計流量の運転がしたい場合は、吐出バルブを少し絞る（その時は、玉形弁かバタフライ弁のこと）か、**減圧オリフィス**を吐出ラインに挿入して、流量を減らします（1点鎖線）。

図 3-2-2 | 揚程曲線とシステム抵抗曲線

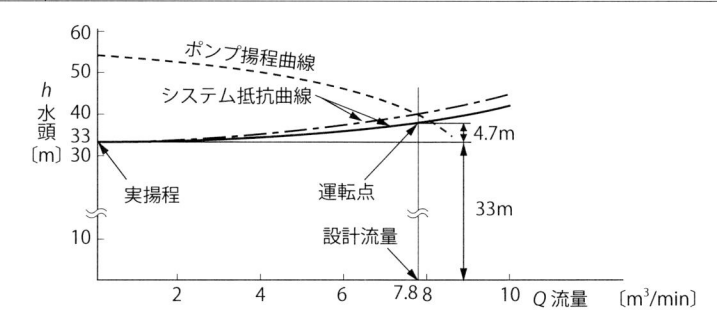

3. 2. 3
ポンプ系配管の流量を求める（2）

　図3-2-1のポンプ配管系をそのまま残し、**図3-2-3**に示すように吐出槽の入口に、A系（250A、S/40）、B系（150A、S/40）の並列ラインを追設した場合、A系、B系の流量と、ポンプ配管系全体の損失水頭を求めなさい。また、これらのシステム抵抗曲線を描きなさい。A系、B系はおのおの玉形弁を含む装置が設置されており、弁、装置、管、管継手を含めた抵抗係数の各合計が、A系は$K_A = 6$、B系は$K_B = 8$とします。設計流量は前項と同じです。

図 3-2-3 ポンプ配管系

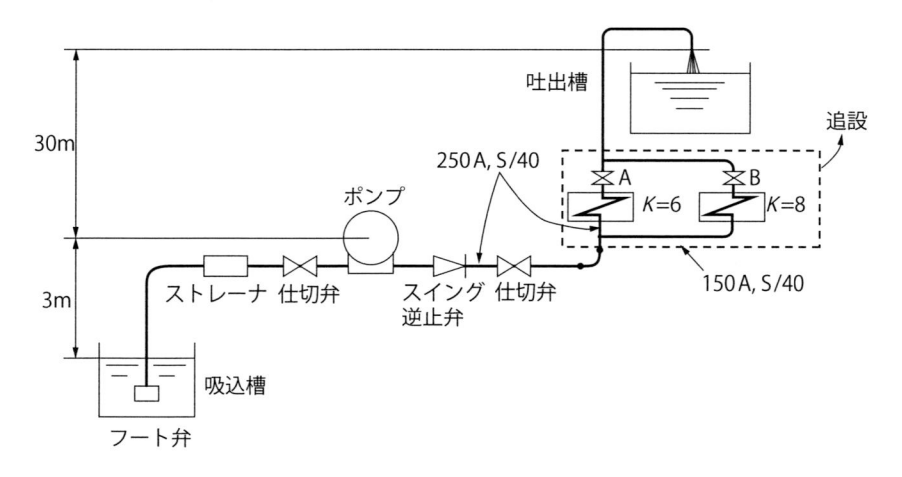

　追設した並列ラインA、Bにつき、下記のように（式2.2.22）に相当する式をたて、それらを（式3.2.3）、（式3.2.4）とします。

$$\text{Aの損失水頭；} h_{LA} = 0.0827 \times 6\left(\frac{Q_A}{0.2488^2}\right)^2 = 130\ Q_A^2 \qquad \text{（式3.2.3）}$$

$$\text{Bの損失水頭；} h_{LB} = 0.0827 \times 8\left(\frac{Q_B}{0.151^2}\right)^2 = 1273\ Q_B^2 \qquad \text{（式3.2.4）}$$

（式3.2.3）、（式3.2.4）のQ_A、Q_Bを合計流量Qで、書き変えます。

A、Bは並列だから、$h_{LA} = h_{LB}$ が成立します。

（式3.2.3）、（式3.2.4）より、

$$\frac{Q_A}{Q_B} = \sqrt{\frac{K_B}{K_A}\left(\frac{D_A}{D_B}\right)^2} \qquad\qquad （式3.2.5）$$

$Q_A + Q_B = Q$　また、$Q_B = Q - Q_A$より、

$$Q_A = Q / \{1 + \sqrt{K_A/K_B}\,(D_B/D_A)^2\} \qquad\qquad （式3.2.6）$$

$$Q_B = Q / \{1 + \sqrt{K_B/K_A}\,(D_A/D_B)^2\} \qquad\qquad （式3.2.7）$$

与えられた数値を入れると、

$$Q_A = 0.758Q、\quad Q_B = 0.242Q \qquad\qquad （式3.2.8）$$

設計流量、$Q = 0.13\ \mathrm{m}^3/\mathrm{s}$のとき、（式3.2.8）より、

$Q_A = 0.0985\ \mathrm{m}^3/\mathrm{s}、\quad Q_B = 0.0315\ \mathrm{m}^3/\mathrm{s}$　となります。

また、上記流量より（式3.2.3、式3.2.4）を使い、$h_{LA} = h_{LB} = 1.26\ \mathrm{m}$を得ます。

（式3.2.3、式3.2.4）を、（式3.2.8）を使って、Qで書き変えると、

$$h_{LA} = h_{LB} = 74.6Q^2 \qquad\qquad （式3.2.9）$$

h_Lとh_{LA}（$= h_{LB}$）は系統的に直列でつながっているので、両者の損失を加算すれば、並列ライン追設後の全損失水頭hが表されます。すなわち、3.2.2項の（式3.2.2）と（式3.2.9）を加えます。

$$h = (274 + 75)\ Q^2 = 349\ Q^2 \qquad\qquad （式3.2.10）$$

$Q = 0.13\ \mathrm{m}^3/\mathrm{s}$における、系の全損失水頭は、（式3.2.10）より、

$$h = 349Q^2 = 349 \times 0.13^2 = 5.90\ \mathrm{m}$$

以上の二次曲線をQ-H座標軸上に、**図3-2-4**、**図3-2-5**のように画きます。

図 3-2-4	並列ラインを合成する

A系、B系の各系統と両者合成の
システム抵抗曲線を画く

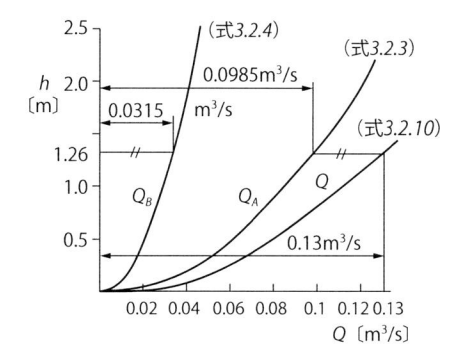

図 3-2-5	直列ラインを合成する

元の系統と追加した系統を合体した
システム抵抗曲線を画く

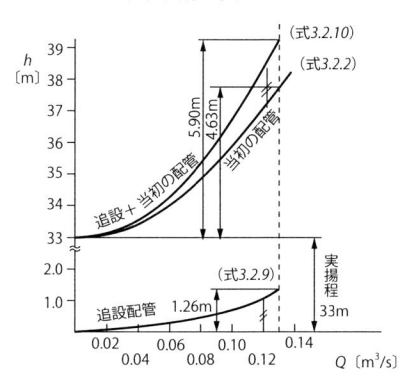

3. 2. 4
開水路流量の問題

課　題　図3-2-6のような、温度20度で、長さ（L）500 m、利用落差（H）1 mで、流量（Q）2.4 m³/sを流す水路を計画しています。満水で流れる円管を採用した場合の必要口径と、幅2 mの開渠（図3-2-6(b)参照）を採用した場合の水流深さBを求めなさい。表面粗さは鋼管の場合0.05 mm、開渠（コンクリート製）の場合0.5 mmとします。

実　行　流量や損失水頭の課題の場合、変数は流量Q（または流速V）、落差H（または差圧）、管内径D（または水力平均深さR_H）の3つがありますが、このうち2つの変数が既知であれば、残りの未知の変数を求められます。

❶課題を満足する鋼管の内径Dを求める

（式2.2.22）より、$h_L = H = 0.0827 f (LQ^2/D^5)$。この式を$D^5 =$の式に変換し、未知の$D$、$f$以外の変数に既知の数値を入れると、$D^5 = (0.0827 f \cdot 500 Q^2) / 1$

$D =$の式にすると、　　$D = 2.99 f^{0.2}$　　　　　　　　　　（式3.2.11）

$f = 0.02$と仮定すると、$D = 1.37$ m

ここで、仮定したfが正しかったかを、$D = 1.37$を使って、確認します。

$V = Q/(\pi/4)D^2 = 2.4/ \{(\pi/4)1.37^2\} = 1.63$ m/s

温度20℃の水の、粘度μ：0.001 Pa·s、密度ρ：998 kg/m³　より、

Re数$= DV\rho/\mu = 1.37 \times 1.63 \times 998/0.001 = 2.2 \times 10^6$、

また、$\varepsilon/d = 0.05/1370 \approx 4 \times 10^{-5}$

ムーディ線図（図1-5-6）により、Re数$= 2.2 \times 10^6$の垂線と、相対粗さ4×10^{-5}の線の交点より、$f = 0.011$を得ます。これは仮定した$f = 0.02$と異なるので、（式

図 3-2-6 │ 開水路の計画

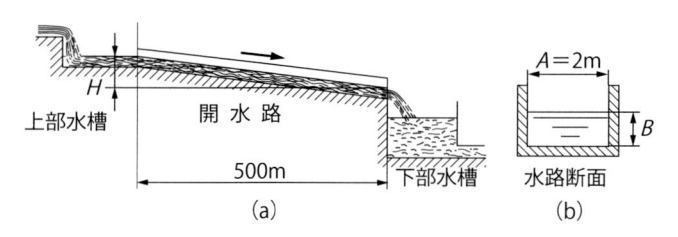

（a）　　　　　　　　　　　　　（b）

3.2.12) に戻り、$f = 0.011$ を使って、再度 D を求めます。

$$D = 2.99 \times 0.011^{0.2} = 1.22 \text{ m}$$

呼び径1250A（外径1270 mm）、厚さSTD（9.5 mm）を使うと、内径 $D = 1.250$ m、流速 $V = 2.4 / \{(\pi/4)1.25^2\} = 1.95$ m/s

$$Re \text{ 数} = 1.25 \times 1.95 \times 998/0.001 = 2.4 \times 10^6 、 \varepsilon/D = 0.05/1250 \approx 4 \times 10^{-5}$$

上記、Re 数と相対粗さから f を求めると、ほぼ $f = 0.011$ となり、仮定した f と一致したので、呼び径1250A（外径1270 mm）、厚さSTD（9.5 mm）の鋼管を使えば、この管の内径は1251 mmで、条件を満足します。

❷課題を満足する開渠の高さ B を求める

この課題の場合は、既知の変数は、流量、落差で、未知の変数は水力平均深さです。水路の連続の式は、$Q = A \times B \times V$ より、$B = Q/(A \times V)$

Q、A は既知であるから、$B = 1.2/V$　　　　　　　　　　　（式3.2.12)

また、水力平均深さの（式1.5.8）と $A = 2$ より

$$R_H = \frac{AB}{A + 2B} = \frac{2B}{2 + 2B} = \frac{B}{1 + B} \qquad （式3.2.13)$$

そして、ダルシーの式は、（式1.5.11）で、$h_L = H = f \dfrac{L}{4R_H} \times \dfrac{V^2}{2g}$ です。

（式3.2.13）と（式3.2.14）を使って（式1.5.11）を B で書き変えます。

$$H = 1.0 = f \frac{500}{4 \{B/(1 + B)\}} \times \frac{(1.2/B)^2}{2 \times 9.81} = 9.17f \left(\frac{B + 1}{B^3}\right) \qquad （式3.2.14)$$

$f = 0.01$　と仮定すると、$(B + 1) / B^3 = 10.9$

トライ＆エラーで B を求めると、$B = 0.518$ m となります。

仮定した f が正しいか確認します。

$$4R_H = 4 \times 2 \times 0.518/(2 + 2 \times 0.518) = 1.36 \text{ m}$$

流速 $V = 1.2/0.518 = 2.31$ m/s、相対粗さ：$\varepsilon/4R_H = 0.5/1360 = 3.7 \times 10^{-4}$、

また、Re 数 $= 4R_H V\rho/\mu = 1.36 \times 2.31 \times 998/0.001 = 3.1 \times 10^6$

Re 数 $= 3.1 \times 10^6$、相対粗さ 3.7×10^{-4} よりムーディ線図で f を求めると、$f = 0.016$ となり、仮定した f と合わないので、$f = 0.016$ で再計算します。

（式3.2.15）に戻り、$(B + 1)/B^3 = 1/(9.17 \times 0.016) = 6.81$　　トライ＆エラーで B を求めると、$B = 0.619$ m となります。このとき、

$$4R_H = 4 \times 2 \times 0.619/(2 + 2 \times 0.619) = 1.53 \text{ m}$$

流速 $V = 1.2/0.619 = 1.94$ m/s、相対粗さ：$\varepsilon/4R_H = 0.5/1530 = 3.3 \times 10^{-4}$

また、Re 数 $= 4R_H V\rho/\mu = 1.53 \times 1.94 \times 998/0.001 = 3.0 \times 10^6$

Re 数 $= 3.0 \times 10^6$、相対粗さ 3.3×10^{-4} よりムーディ線図で f を求めると、約 $f = 0.016$ となり、仮定した f と合致したので、水深 B は0.619 m となります。

圧縮性流体の流量を計算する

圧縮性流体の流量をいくつかの方法で求めます。

課　題

蒸気入口圧力50 bar絶対圧、蒸気出口圧力30 bar絶対圧、蒸気入口温度480℃、配管の内径150 mm、配管長さ20 m、とします。また、水の分子量18、管の摩擦係数 f：0.015とします。上記条件で、ウェイムス（Weymouth）の式、Crane社のダルシー修正式を使い、流量を求めなさい。

実　行

❶ウェイムス（Weymouth）の式により流量を求める

大気圧、常温時換算体積流量 Q を（式2.2.28）により求めます。

$$Q = 1.405 \times d^{2.667} \times E \times \sqrt{\left(\frac{P_1^2 - P_2^2}{S \times L \times T \times Z}\right)} \qquad (式2.2.28)$$

（式2.2.28）の記号と数値を**表3-2-3**に示します。

（式2.2.28）に表3-2-3の数値を入れると、下記となります。

$$Q = 1.405 \times 150^{2.667} \times 0.92 \sqrt{\frac{50^2 - 30^2}{0.621 \times 20 \times 753 \times 1.0}} = 8.22 \times 10^5 \sqrt{\left(\frac{1600}{9350}\right)}$$

$$= 3.40 \times 10^5 \, \text{Nm}^3/\text{h}$$

表 3-2-3 | 式 2.2.28 の記号と数値

式2.2.28の記号	数値
Q：体積流量　m³/h ＠1気圧15℃	求める流量
d：管内径　mm	150
P_1：入口の圧力　bar（絶対圧力）	50
P_2：出口の圧力　bar（絶対圧力）	30
T：流体の絶対温度　K	273 ＋ 480 ＝ 753
L：管の長さ m	20
S：空気に対する某気体の比重量比	18/29 ＝ 0.621
（＝上記の某気体の分子量/空気の分子量 29）	通常の使用状態で、0.92
E：流れ効率係数（文献❻参照）	0.92
Z：ガス圧縮性係数	1.0とする
（求め方は次頁末尾の注、および文献❻参照）	

〔注〕（式2.2.28）のZはガスの圧縮性を補正する係数ですが、次のように求めます（文献❻参照）。圧力は絶対圧力。

$$Z = 1 - \frac{3.52 P_r}{10^{0.983 Tr}} + \frac{0.247 P_r^2}{10^{0.815 Tr}} \quad \text{ここに、} \quad P_r = P_{avg}/P_c \text{、} \quad T_r = T_{avg}/T_c$$

$$P_{avg} = \frac{2}{3}\left(P_1 + P_2 - \frac{P_1 P_2}{P_1 + P_2}\right)\text{bar、} \quad T_{avg} = \text{流体平均温度} \approx \text{流体入口温度 K}$$

$P_c = (690 - 31.0 \times S)/14.5 \text{ bar、} \quad T_c = (157.5 + 336.15 \times S)(5/9) \text{ K で計算され}$ます。

❷ Crane社のダルシー修正式（断熱変化に基づく）により求める

大気圧、常温時換算体積流量Qは（式1.5.25）により求められます。

$$Q = 19.31 Yd^2 \sqrt{\frac{\Delta P \cdot P_1}{K T_1 S}} \tag{式1.5.25}$$

表3-2-4に示す（式1.5.25）の記号と数値を（式1.5.25）に入れると、

$$Q = 19.31 \times 0.79 \times 150^2 \sqrt{\frac{20 \times 50}{3.5 \times 753 \times 0.621}} = 3.43 \times 10^5 \times 0.782 = 2.70 \times 10^5 \text{ Nm}^3/\text{h}$$

入口、出口損失を除いて、直管20 m（$K = 2.0$）のみでQを計算すると、

$$Q = 19.31 \times 0.76 \times 150^2 \sqrt{\frac{20 \times 50}{2.0 \times 753 \times 0.621}} = 3.30 \times 10^5 \times 1.034 = 3.41 \times 10^5 \text{ Nm}^3/\text{h}$$

表3-2-4 （式1.5.25）の記号と数値

Q：体積流量	求める流量：m³/h @ 1 気圧15℃
d：管内径	150 mm
K：管抵抗係数の合計（入口、出口損失含む）〔注〕詳細なK値は文献❺によること	直管のみとし、入口損失：0.5、出口損失：1.0のみ考慮。fを0.015と仮定すると、直管のKは　$K = f(L/D) = 0.015 (20/0.15) = 2.0$　K：管抵抗係数の合計は、0.5 + 1.0 + 2.0 = 3.5
ΔP：差圧、P_1：入口圧	$\Delta P = 20$ bar、$P_1 = 50$ bar絶対圧力
Y：圧縮流に対する正味膨張係数	0.79（文献❺のYを読み取るチャートにおいて、$K = 3.5$と$\Delta P/P_1 = 0.4$の交点から求める）。
T_1：入口温度	273 + 480 = 753 K（絶対温度）
S：空気に対する蒸気の比重量比	0.621

3. 2. 6
流れの変化による力

　流れ方向の変化、流速の急激な変化により、管路に発生する力を求めます。

課題1 **曲がり部に生じる内圧と運動量の変化による力を求める**

　図3-2-7に示すような流れ方向と角度$\theta°$をなすベンドがあります。管の流路断面積をA、内圧P、平均流速Vとして、ベンドに生じる内圧による推力、および流れ方向の変化に伴う運動量の変化で生じる流体力を求め、それらの合力を求めなさい。ベンドをはさむ直管部には、メカニカルジョイント、あるいは伸縮管継手のように、推力を負担することのできない継手があるとします。

実　行　内圧による推力を求めます。ベンド上流の断面Bにおけるベンドによる推力のX方向成分：$+PA$、Y方向成分：0、またベンド下流の断面Cにおけるベンドによる推力PAのX方向成分は$-PA\cos\theta$、Y方向成分は$-PA\sin\theta$、したがって、図3-4-1の右側に示すように、断面AとBの内圧による推力の合成値は、X方向$PA(1-\cos\theta)$、Y方向$-PA\sin\theta$。その合力F_pは、

$$F_p = PA\sqrt{(1-\cos\theta)^2+\sin^2\theta} = PA\sqrt{2(1-\cos\theta)} \qquad (式3.2.14)$$

　90°ベンドのとき、$F_p = \sqrt{2}\,PA$

　次に、流れ方向の変化に伴う運動量の変化で生じる流体力を求めます。ベンド上流の断面Bに入り、ベンド下流のCを出る運動量の変化を考えます。X方向、Y方向別にB断面、C断面の運動量を求め、X方向、Y方向別に、B断面を入る運動量と、C断面を出る運動量の差が、ベンドに生じる流体力となります。

　仮想断面Bの運動量はX方向：$mV = \rho AV^2$、Y方向：0、仮想断面Cの運動

図 3-2-7 ┃ **曲がり部に生じる内圧と運動量変化による力**

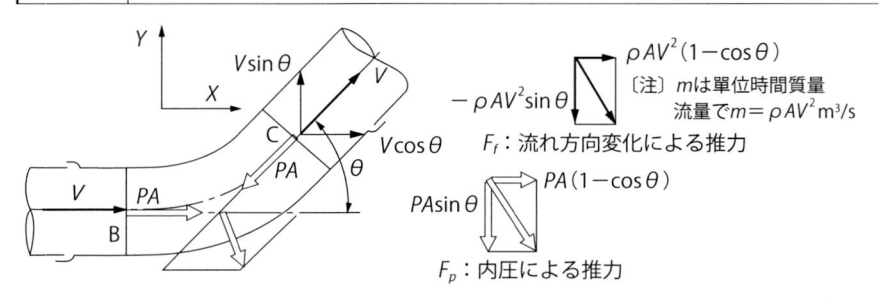

量は X 方向：$\rho A V^2 \cos\theta$、Y 方向：$\rho A V^2 \sin\theta$。ベンドに働く流体力 F_f は、図3-4-1の右側に示すように、X 方向の運動量の差 $\rho A V^2(1-\cos\theta)$、と Y 方向の運動量の差 $(0 - \rho A V^2 \sin\theta) = -\rho A V^2 \sin\theta$ の合成値となり、

$$F_f = \rho A V^2 \sqrt{2(1-\cos\theta)} \qquad\qquad (式3.2.15)$$

となります。図3-4-1を見れば、F_p と F_f の力のベクトル方向は合致しているので、F_p と F_f の合力は（式3.4.1）と（式3.4.2）を算術的に加えればよい、すなわち、内圧と流体力による合力の大きさは、

$$F = (PA + \rho A V^2)\sqrt{2(1-\cos\theta)}$$

課題2　弁急閉による水撃力を求める

150A、Sch.40、STPG370の管を、流速2 m/sで常温の水が流れています。水槽入口から15 mの位置にあるバルブを全開から全閉まで締め切りました。このバルブ操作による圧力上昇値を次の条件で求めなさい。

①管内流体中を圧力波が往復する時間を求めなさい。

②バルブは瞬時閉としてジュコフスキーの式で水撃力を計算しなさい。

③全開から全閉まで0.1秒かかったときの水撃力を計算しなさい。

実　行

①圧力波伝播速度cm/s

（式2.2.43）を使って計算します。$c = \sqrt{\dfrac{K/\rho}{1+(K/E)(d/t)}}$

ここに、常温の水の体積弾性率 $K = 2.2 \times 10^9$ Pa（インターネットなどにより）、水の密度 $\rho = 998$ kg/m^3、鋼管のヤング率 $E = 200 \times 10^9$ Pa、管内径 $d = 165.2 - 2 \times 7.1 = 151$ mm、管厚さ $t = 7.1$ mm

$$c = \sqrt{\frac{2.2 \times 10^9/998}{1 + (2.2 \times 10^9/200 \times 10^9)(151/7,1)}} = 1336$$

弁急閉による圧力波が水路を往復する時間は、$15 \times 2/1336 = 0.02$ 秒である。

②急閉鎖の場合、ジュコフスキーの（式1.7.6）で圧力上昇値 P を計算する。

$$H = cV/g = 1336 \times 2/9.81 = 273 \text{ m} \quad したがって、P は、$$
$$P = H\rho g = 273 \times 998 \times 9.81 = 2.67 \times 10^6 \text{ Pa} = 2.67 \text{ MPa}$$

③本ケースは、弁が全閉する0.1秒までに圧力波が返って来ないので、緩閉鎖に当たり（式2.2.44）で水撃力を計算します。

$$P = 5200\frac{VL}{t} + P_1 = 5200\frac{2 \times 15}{0.1} + 0 = 1.56 \times 10^6 \text{ Pa} = 1.56 \text{ MPa}$$

ここに、V：弁急閉直前の流速 = 2.0 m/s、L：弁上流の管長 = 15 m、t：弁閉鎖時間 = 0.1s、P_1：弁入口運転圧力 = 大気圧 = 0 Pa。

3. 3. 1
熱による配管のたわみをイメージ

配管が運転時に熱膨張により、どうたわむかをイメージできれば、配管フレキシビリティ解析のO/Pが妥当であるかのレビューに役立ちます。

課　題

図3-3-1に示す両端が固定された二次元、三次元の配管が運転で高温になったとき、イメージにより、どの方向にどのくらい伸びるか、その伸びをサンプルに示すようにX、Y、Z方向のベクトル（大きさを長さとした矢印）で示しなさい。伸びの大きさは絶対値ではなく、相対的な大きさで表します。

実　行　伸びの大きさに対する原則を以下に示します。❶伸びは伸び方向の配管長さに比例する（**図3-3-2の❶**）。❷ある直管の両端の伸びは、その両端にある直角方向の配管の長さが長い方が、伸びに対する拘束が弱いので、伸びやすい（**図3-3-2の❷**）。❶と❷の伸びを合成すると❸の伸びとなります。

図3-3-3に課題配管のベンド部の伸びをベクトルで示します。P、Qはアンカです。また、<u>AB</u>はA～B間の管長を意味します。そしてベンド部の矢印はその点の伸び方向と相対的大きさを示します。以下に①～⑦のケースの配管伸

図 3-3-1	配管の伸び変位をイメージする課題	図 3-3-2	配管熱膨張によるベンド部の変位

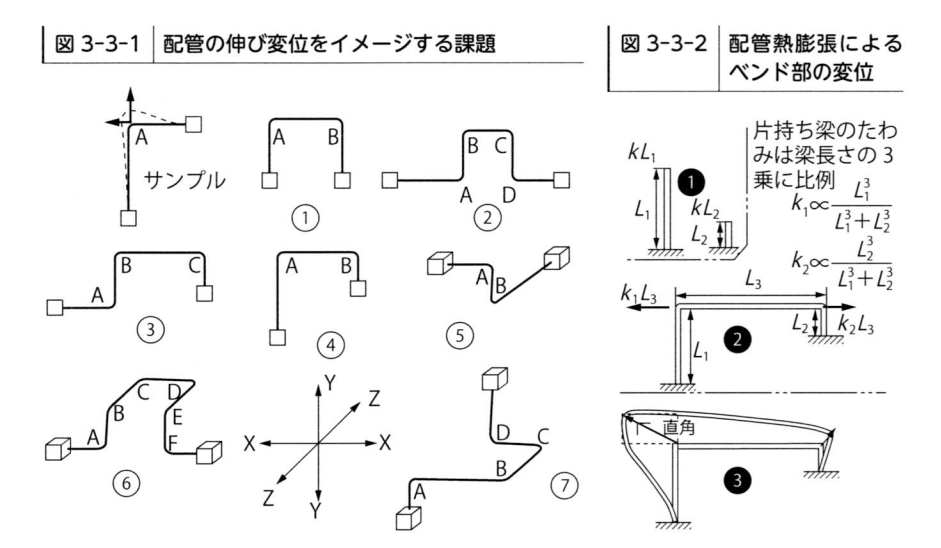

びの特徴を示します。

①：アンカP、Q間の中央をとおるY軸に対し、配管は対称形をしているので A、B点のX方向伸びは反対方向で、その大きさは等しくなります。

②：PA＞DQなので、A点のX方向の伸びはD点のそれより大きくなります。A点とD点に若干の＋Y方向の伸びが生じるのは、エルボの持つ剛性によるもので、PA＞DQのため、Y方向の伸びに対しDQよりPAの方がフレキシビリティがあるので、A点の方がD点より＋Y方向伸びが大きくなります。

③：B点とC点のX方向の伸びの大きさの違いは、AB＞CQによります。

④：A点とB点のX方向の伸びの大きさの差の理由は、③と同じです。

⑤：PAの伸びにより、B点に若干のX方向伸びが生じ、またBQの伸びにより、A点に若干のZ方向の伸びが生じます。

⑥：これは②の応用例です。

⑦：B点のX方向伸びがC点のそれより大きいのは、PA＜DQのためです。

図 3-3-3 さまざまな配管の伸びのイメージ

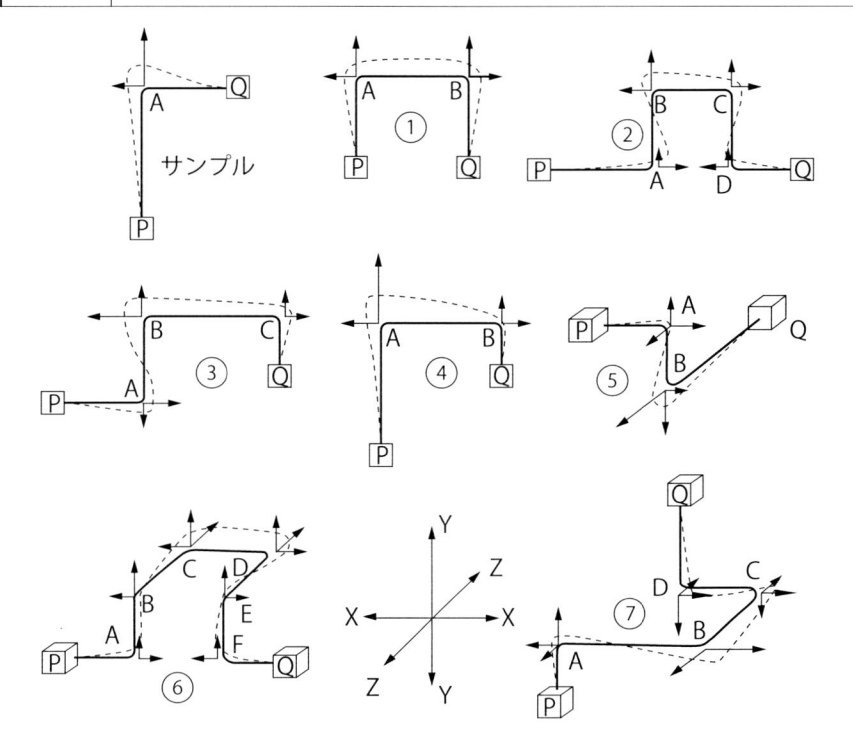

3. 3. 2
熱膨張と相対変位の評価

課題1

　下の**図3-3-4**に示す運転温度400℃の配管のフレキシビリティをASME B31.1（または、ASME B31.3）の簡易評価式（式*2.2.12*）により評価しなさい。なお、この配管の寿命中の熱サイクル数は7000回以下とします。据付け時の温度は20℃とし、固定端は移動しないとします。

実　行

$$\frac{DY}{(L-U)^2} \leq 208000 \frac{S_A}{E_C} \qquad\qquad (式\textit{2.2.12})$$

ここに、D：外径 = 267.4 mm（表2-1-2より）、

E_c：室温（20℃）におけるヤング率 = 203×10^6 kPa（表2-1-6より）

L：配管の展開長さ = 5.5 + 2.0 + 4.0 + 3.5 = 15.0 m、

U：A、B固定端間の直線（図3-3-4中の破線）距離 = $\sqrt{5.5^2 + 4.0^2 + 1.5^2}$ = 6.97 m

　　表2-1-4より炭素鋼、400℃の線膨張係数16.2×10^{-6}/℃、運転温度：400℃、据付時温度20℃

Y：A、B両端間の合成変位量 = $6970\times16.2\times10^{-6}\times(400-20)$ = 42.9 mm

STPT410の400℃における許容引張応力90 N/mm²〔MPa〕、20℃における

図 3-3-4 | **課題 1**

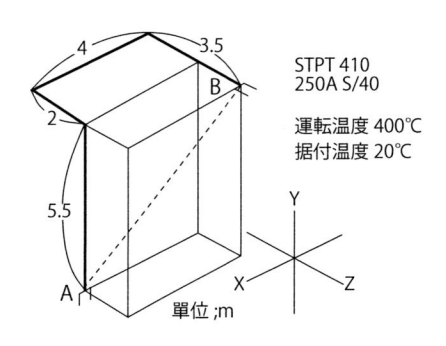

STPT 410
250A S/40

運転温度 400℃
据付温度 20℃

単位 ;m

図 3-3-5 | **課題 2**

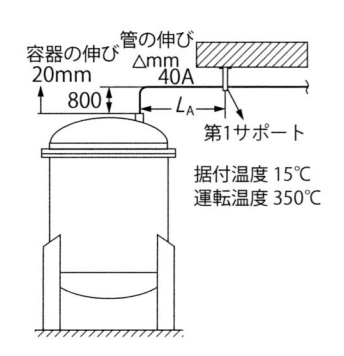

容器の伸び
20mm

管の伸び
△mm

40A

L_A

800

第1サポート

据付温度 15℃
運転温度 350℃

許容引張応力 $118\,\mathrm{N/mm}^2$〔MPa〕より（表2-1-5）、

$\qquad S_A$：熱膨張応力に対する許容応力範囲 $= f\,(1.25S_c + 0.25S_h)$　　　（式2.2.9）

$\qquad\qquad = 1.0\,(1.25 \times 90 + 0.25 \times 118) \times 10^3 = 142 \times 10^3\,\mathrm{kPa}$

（式2.2.12）の左辺： $\dfrac{267.4 \times 42.9}{(15.0 - 6.97)^2} = 177$

（式2.2.12）の右辺： $208000\dfrac{142 \times 10^3}{203 \times 10^6} = 145$

　（式2.2.12）の、左辺＜右辺　とならないので、400℃でこの配管はASMEの簡易評価式を満足していません。そこで $-Z$ 方向への U ループの張り出し長さを 0.5 m 増やし、 L を 15 m から 16 m にすれば、左辺が 141 となり、左辺＜右辺を満足します。

課題2

　図3-3-5に示す、20 mm 上方へ伸びる容器鏡板の座に接続する運転温度350℃（据付温度は20℃とする）の、STPT42、40A、Sch.40の管が許容応力範囲内となる、第1サポート（機器から見て最初のサポート）までの最小水平距離 L_A を求めなさい。40Aの管の垂直部分は上へ伸びるとし、座の伸び20 mm に上乗せされます。40Aの水平方向の伸びは、右方向へ自由に逃げるものとします。 L_A は（式1.4.5）により求めるものとし、許容応力には許容応力範囲（式2.2.9）をとるものとします。

実　行　（式1.4.5）は、 $L_A = \sqrt{\dfrac{3ED}{S_A}\,y}\,\mathrm{mm}$　です。

　ここに、40Aの管外径は、表2-1-2により、 $D = 48.6\,\mathrm{mm}$

　管の350℃のヤング率は表2-1-6より、 $E = 178\,\mathrm{GPa} = 1.78 \times 10^5\,\mathrm{N/mm}^2$、炭素鋼、350℃の線膨張係数は表2-1-4の300℃と400℃の値を使い、直線比例によって $14.55 \times 10^{-6}/℃$ を得ます。管の垂直方向の伸び $\varDelta$ は、

$\qquad \varDelta = 800 \times 14.55 \times 10^{-6}(350 - 20) = 3.9\,\mathrm{mm}$

　容器と管の垂直方向の伸びの合計 y は、

$\qquad y = 20 + 3.9 = 23.9\,\mathrm{mm}$

　許容応力範囲は（式2.2.9）より、

$\qquad S_A = 1.0\,(1.25 \times 118 + 0.25 \times 105) = 173\,\mathrm{N/mm}^2$

　したがって、 $L_A = \sqrt{\dfrac{3 \times 1.78 \times 10^5 \times 48.6}{173}23.9} \approx 1900\,\mathrm{mm}$

以上より、鏡板座から第1サポートまでの最小水平距離は 1.9 m となります。このような場合、管の厚さは影響しないことに留意します。

3. 3. 3
配管サポート荷重を計算する

図3-3-6に示す150A、Sch.40の配管の各サポートと機器にかかる荷重を計算しなさい。計算に必要な諸データは同図内に示されています。保温はなし、サポートの自重は無視（0とする）、バルブの面間も無視（0とする）します。

図3-3-6 | 配管のサポート荷重を求める

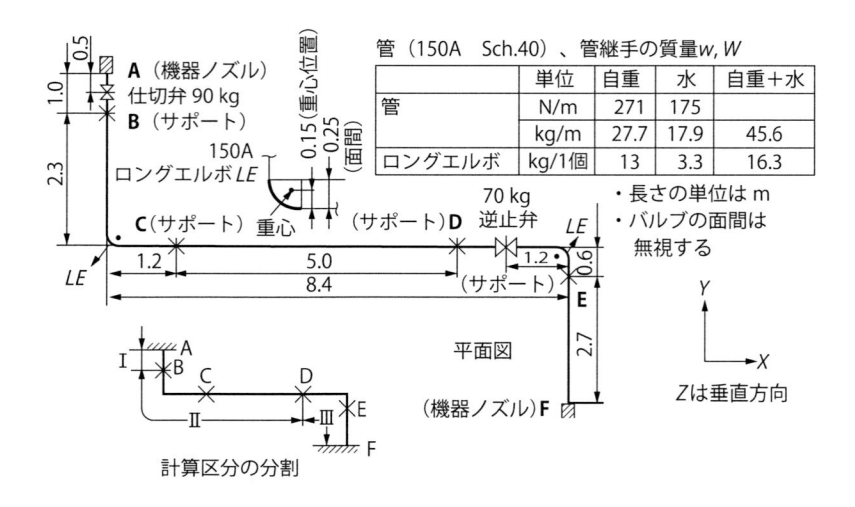

管（150A　Sch.40）、管継手の質量 w, W				
	単位	自重	水	自重＋水
管	N/m	271	175	
	kg/m	27.7	17.9	45.6
ロングエルボ	kg/1個	13	3.3	16.3

・長さの単位は m
・バルブの面間は無視する

❶進め方　配管をサポート点が2つ（直管のみの場合）、ないし3つ（ベンドがある場合）含まれる静定梁に分け、$\sum (R_i, W_i) = 0$、$\sum M_X = 0$、$\sum M_Y = 0$ の、荷重とモーメントのバランスの式を解くことにより（1.4.3項参照）、各サポートにかかる荷重 R_i を求めます。本課題では、区画を Ⅰ（サポート2個所）、Ⅱ、Ⅲ（サポート各3個所）の3つに分割します。区画の境界となるサポート荷重は区画ごとに荷重が出るので、双方の荷重を合計します（本課題には垂直管がありませんが、垂直管は水平管にかかる集中荷重として扱います）。

計算はkgで進め、サポート荷重整理の段階で、kNに変換します。

❷サポート荷重を求める

①区画Ⅰ（A−B間）

バルブは区間の中央にあるので、バルブと長さ1mの管の荷重が、AとBに半分ずつかかります。Aへの荷重をR_A、Bへの荷重をR_Bとします（以下同様）。

$$R_A = R_B = 90/2 + (1.0 \times 45.6)/2 = 68$$

②区間Ⅱ（B−D間）

$$\sum (R, W) = 0 : R_B + R_C + R_D = (2.3 + 1.2 + 5.0 - 2 \times 0.25) \times 45.6 + 16.3 = 381$$
（式3.3.1）

$$\sum M_X = 0 : 2.3R_B = (2.3 - 0.25) \times 45.6 \times \{0.25 + (2.3 - 0.25)/2\} + 16.3 \times 0.15 = 122$$

より、$R_B = 122/2.3 = 53.0$　$R_B = 53$を（式3.3.1）に代入すると、

$$R_C + R_D = 328$$
（式3.3.2）

$$\sum M_Y = 0 : 1.2R_C + 6.2R_D = 0.15 \times 16.3 + (1.2 - 0.25 + 5.0) \times 45.6 \times$$
$$\{0.25 + (1.2 - 0.25 + 5.0)/2\} = 875$$
（式3.3.3）

（式3.3.2）と（式3.3.3）のR_C、R_Dの連立方程式を解けば、$R_C = 232$、$R_D = 96$を得ます。

③区間Ⅲ（D−R）

$$\sum (R, W) = 0 : R_D + R_E + R_F = (8.4 - 1.2 - 5.0 - 2 \times 0.25 + 0.6 + 2.7) \times 45.6$$
$$+ 16.3 + 70 = 314$$
（式3.3.4）

$$\sum M_X = 0 : 0.6R_E + 3.3R_F = 0.15 \times 16.3 + (0.6 - 0.25 + 2.7) \times$$
$$45.6 \times \{0.25 + (0.6 - 0.25 + 2.7)/2\} = 249$$
（式3.3.5）

$$\sum M_Y = 0 : (8.4 - 1.2 - 5.0)R_D = 1.2 \times 70 + 0.15 \times 16.3 + (8.4 - 1.2 - 5.0 - 0.25)$$
$$\times 45.6 \times \{0.25 + (8.4 - 1.2 - 5.0 - 0.25)/2\} = 196$$

∴　$R_D = 89$　これを（式3.3.4）に代入すると、

$$R_E + R_F = 225$$
（式3.3.6）

（式3.3.5）と（式3.3.6）のR_E、R_Fの連立方程式を解けば$R_E = 183$、$R_F = 42$を得ます。

以上の計算結果を整理します。

$R_A = 68 \, \text{kg}(=0.67 \, \text{kN})$　$R_B = 68 + 53 = 121 \, \text{kg}(=1.19 \, \text{kN})$　$R_C = 232 \, \text{kg}(=2.28 \, \text{kN})$

$R_D = 96 + 89 = 185 \, \text{kg}(=1.81 \, \text{kN})$　$R_E = 183 \, \text{kg}(=1.80 \, \text{kN})$　$R_F = 42 \, \text{kg}(=0.41 \, \text{kN})$

したがって　$\sum R_i = 831 \, \text{kg}$

配管の総質量を計算し、検算します。

総質量 $= 90 + 70 + 16.3 \times 2 + (1 + 2.3 + 8.4 + 0.6 + 2.7 - 0.25 \times 4) \times 45.6$
$= 831 \, \text{kg}$

配管総質量とサポート支持総荷重の質量換算値は一致しました。

3. 3. 4
配管ラック梁の曲げモーメント

課　題　図3-3-7のように、大小複数の配管が載っている配管ラックの梁に生じる最大モーメントを求めなさい。また、その梁のせん断力図（SFD）と曲げモーメント図（BMD）を画きなさい。なお、梁は両端単純支持梁と仮定します。

実　行　❶**手順**

①梁への荷重は重さのような下向き荷重を＋、梁を支持する上向き荷重を－とし、図に集中荷重 W、分布荷重 w、支持荷重 R を矢印で書き込みます。

②最初に垂直荷重のバランス式：$\sum R_i + \sum W_i = 0$ と、ある支持点まわりの曲げモーメントのバランスの式：$M = \sum R_i L_i + \sum W_i L_i = 0$ の両式より、2つの支持点のサポート荷重を求めます。

③SFDとBMDを画くため、梁は荷重点を境界にして区間分けをします。区間の境界は、集中荷重の点と分布荷重の両端に起きます。梁の左端から右の方へ向けて作業を進めます。

④各区間ごとに内力であるせん断力 F と曲げモーメント M を左端の支持点 A よりの距離 x で表す式を作ります、

⑤④で求めたせん断力 $F(x)$ と曲げモーメント $M(x)$ をSFDとBMDに区間ごとに画いていきます。

⑥簡便的には2.2.4項の❷にある表2-2-10Ⓐのガイドを使って、区間 A～B から順に、区間 B～C、区間 C～D へと SFD、BMD、ともに線を繋げてゆけ

図 3-3-7 | **梁上の荷重**

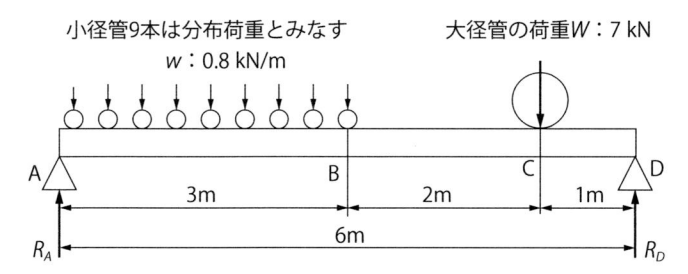

ば、両図を作成することができます（境界のF_x、M_xは計算で求める必要があります）。

❷実際に計算を行いSFD、BMDを画く

①先ず、荷重W、w、より支持点の反力R_A、R_Dを求めます。

垂直方向の力のバランス式より、$R_A + R_D + 0.8 \times 3 + 7 = 0$

$$\therefore \quad R_A + R_D = -9.4 \qquad\qquad (式3.3.7)$$

D点の曲げモーメントM_Dは0なので、

$$M_D = 7 \times 1 + 4.5 \times 2.4 + R_A \times 6 = 0 \quad \therefore \quad R_A = -2.97（上向き）$$

$$R_A = -2.97 を（式3.3.7）に代入すれば、R_D = -6.43（上向き）$$

③区間A－B（$0 \leq x \leq 3$）：この間のxにおけるせん断力$F(x)$は次式で表せます。

$-2.97 + 0.8x + F(x) = 0$、$F(x) = 2.97 - 0.8x$、$x = 3$のB点では、$F_B = 0.57$

また、この間のx点の曲げモーメントは、$-2.97x + 0.8x(x/2) + M(x) = 0$より、$M(x) = -0.4x^2 + 2.97x$　$x = 3$では$M_B = 5.31$となります。BMD上の$x = 0$、$M_A = 0$と$x = 3$、$M_B = 5.31$とを結ぶ上が凸の放物線を画くことができます。

④区間B－C（$3 < x \leq 5$）：このSFD区間は、$x = 5$直前まで荷重がかからないので0.57で高さ不変、$x = 5$を通過直後、表2-2-10のガイド④の⑤により7 kN下がり、-6.43となります。

この区間のBMDは、$-2.97x + 0.8 \times 3(x - 1.5) + M(x) = 0$　より、

$$M(x) = 0.57x + 3.6、x = 5のC点で、M_C = 6.45。$$

⑤区間C－D（$5 < x \leq 6$）　この区間のSFDはCを超えてD直前まで荷重が変わらないので、高さは不変で、$R_D = -6.43$。この区間のBMDは、

$-2.97 \times x + 0.8 \times 3 \times (x - 1.5) + 7(x - 5) + M(x) = 0$より、$M(x) = -6.43x + 38.6$

以上より、この梁のSFD、BMDは**図3-3-8**のようになります。

図 3-3-8 ｜ 課題の SFD と BMD

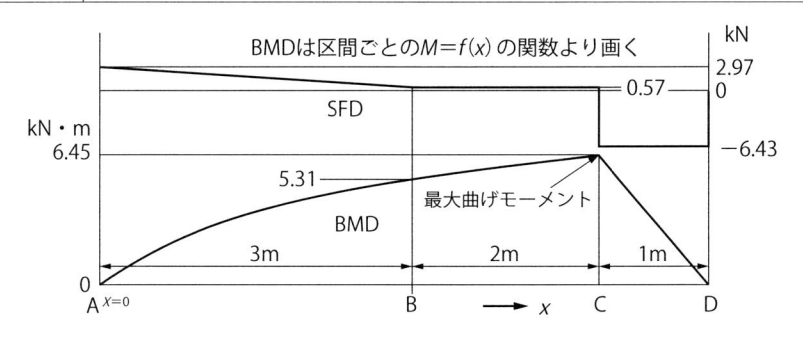

3. 3. 5
ハンガスパンと
ハンガ形式の選択

課 題 図3-3-9に示す配管につき、

① 水平配管のサポート標準スパンを求めなさい。

② Bのサポートの形式を選択しなさい。なお、B〜C間スパンは、上記①で求めた標準スパンとします。

③ Cのサポートをリジットハンガとするとき、Lの最小長さを求めなさい。

図 3-3-9 サポートスパン、サポート形式

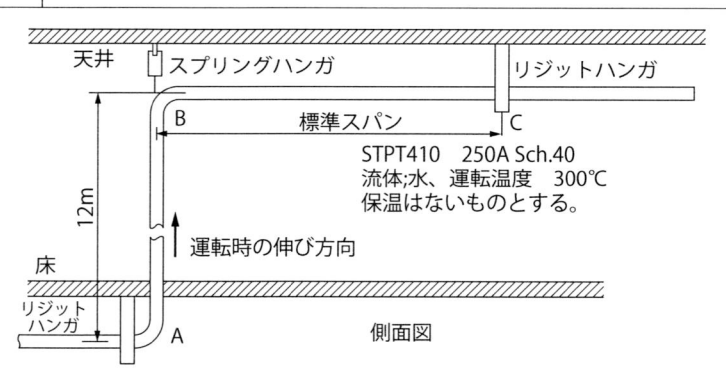

天井　スプリングハンガ　リジットハンガ

B　標準スパン　C

STPT410　250A Sch.40
流体;水、運転温度　300℃
保温はないものとする。

12m

運転時の伸び方向

床
リジット
ハンガ　　A　　側面図

実 行

❶ サポート標準スパンを求める

サポート標準スパンは、(管の自重 + 流体荷重 + 保温荷重) の重さによる管の最大たわみが2.5 mm、または管の曲げ応力が管材質の運転時許容引張応力、になる長さの小さい方以下とします (この考え方はASME B31.1によります)。長さ L、分布荷重 w、断面係数 Z の梁、または配管に生じる最大応力 S は、(式 1.4.22) より、$S = \dfrac{M}{Z} = \dfrac{wL^2}{10Z}$、したがって、$L = \sqrt{\dfrac{10ZS}{w}}$

表2-1-2より250A、S/40の分布荷重 w = (管の自重 + 流体荷重) = 581 + 477 = 1058 N/m = 1.058 N/mm。また断面係数は表2-1-2より $Z = 4.703 \times 10^5 \, \text{mm}^3$、$S$ にはSTPT410、300℃の、安全係数3.5の許容応力 118 N/mm^2 をとれば、

$$L = \sqrt{\frac{10ZS}{w}} = \sqrt{\frac{10 \times 4.703 \times 10^5 \times 118}{1.058}} = 22.9 \times 10^3\,\text{mm} = 22.9\,\text{m}$$

また、上記と同じ条件の配管で、両端固定支持梁の最大たわみ y は、

表2-2-9より、$y = \dfrac{5wL^4}{384EI}$、したがって、$L = \left(\dfrac{384EIy}{5w}\right)^{0.25}$

〔注〕なぜ、両端固定支持梁としたかは、図2-2-11による。

表2-1-6より350℃、軟鋼のヤング率 $E = 1.78 \times 10^5\,\text{N/mm}^2$、断面二次モーメントは表2-1-2より $I = 6.29 \times 10^7\,\text{mm}^4$、したがって、たわみ2.5 mmのスパンは、

$$L = \left(\frac{384 \times 1.78 \times 10^5 \times 6.29 \times 10^7 \times 2.5}{5 \times 1.058}\right)^{0.25} = 6.71 \times 10^3\,\text{〔mm〕} = 6.71\,\text{m}$$

サポート標準スパンは小さい方の6.7 mをとります。

❷Bの箇所を吊るサポートの形式選定をする。

Bのハンガには、A〜B間配管の1/2とB〜C間配管の1/2の重量がかかるとします。すなわち、Bのハンガ荷重は、$\{(12 + 6.7)/2\} \times 1058 = 9890\,\text{N}$

次にAを起点として、運転時のA〜B間配管の伸びによるBの上方へのトラベル量を計算します。軟鋼の300℃における線膨張係数を表2-1-4より、

$12.9 \times 10^{-6}/℃$、長さ12 m、温度差（300 − 20）= 280℃、トラベル量 = $12 \times 10^3 \times 12.9 \times 10^{-6} \times 280 = 43.4\,\text{mm}$。

スプリングハンガの荷重変動率は一般に、25％以下とされるので、荷重変動率25％となるスプリングのばね定数を求めます。表2-2-20の（式2.2.46）より、荷重変動率25％となるばね定数 =（0.25×運転時荷重）/トラベル量 =（0.25×9890）/43.4 ≒ 57 N/mm

ハンガメーカのカタログを見ると、スプリングのばね定数54 N/mm、で、荷重、トラベル、いずれも本課題の要求に合致するスプリングハンガがあるので、コンスタントハンガを使わず、スプリングハンガが使えそうです。

❸Cのサポートにリジットハンガを使うとき、配管の曲げ応力が許容応力以内になる最小のB〜C間の距離を求める

（式1.4.5）を使います。（式1.4.5）に次の数値を入れます。

D：0.267 m　$E = 2.0 \times 10^{11}\,\text{N/m}^2$、$y$（垂直移動量）：0.044 m、

S_A：許容応力範囲 = $1 \times (1.25 \times 118 + 0.25 \times 118) = 177\,\text{N/mm}^2$

$$L_A = \sqrt{\frac{3 \times 2.0 \times 10^{11} \times 0.267}{177 \times 10^6}\,0.044} = 6.4\,\text{m}$$

このスパンは、①で計算したサポート標準スパンを満足しています。ただし、Cは運転時、上向きの荷重に対し耐座屈構造にする必要があります。

引用文献

❶鋼構造設計基準－許容応力度設計法－　第4版、日本建築学会

❷Piping and Pipeline Engineering Design, Maintenance, Integrity, and Repair, George A. Antaki Marcel Dekker,Inc.

❸ASME（米国機械学会）B31.3 Process Piping

❹事例に学ぶ流体関連振動、日本機械学会、技報堂出版（2008年発行）

❺Crane社 TP-410 FLOW OF FLUIDS THROUGH VALVES,FITTINGS,AND PIPE Metrick edition（2009年刊）

❻FLUID FLOW HANDBOOK JAMAL SALEH McGraw-Hill（2002年刊）

❼Fluid Mechanics with Engineering Applicatiosn Joseph.B. Franzini, 他、McGraw-Hill社刊

❽Piping and Pipeline Calculations Manual Phillip Ellenberger著 Butterwort-Heinemann社（2014年刊）

❾日本規格協会発行、JIS　使い方シリーズ　新版圧力容器の構造と設計、JIS B 8265-2017、JIS B 8267-2015

❿上水道の事故と対策、石橋多聞著、技報堂出版（1977年刊）

⓫JPI-7S-77　石油工業プラントの配管設計基準

⓬理科年表、平成30年、第91冊、国立天文台編、丸善出版

本書に関連する、上記以外の規準、規格類

⓭JIS B 8265「圧力容器の設計　一般構造」

⓮JIS B 8201「陸用鋼製ボイラ構造」

⓯ASME（米国機械学会）B31.1 Power Piping

⓰電気技術規定 JEAC 3706「圧力配管弁類規定」

⓱日本機械学会、発電用設備規格　詳細規定 JSME S TA1

【索引】

著者略歴

西野悠司 （にしの ゆうじ）

1963 年　早稲田大学第 1 理工学部機械工学科卒業
1963 年より 2002 年まで、現在の東芝エネルギーシステム株式会社 京浜事業所、続いて、東芝プラントシステム株式会社において、発電プラントの配管設計に従事。その後、3 年間、化学プラントの配管設計にも従事。
一般社団法人 配管技術研究協会主催の研修セミナー講師。
同協会誌元編集委員長ならびに雑誌「配管技術」に執筆多数。
一般社団法人 配管技術研究協会監事。
日本機械学会 火力発電用設備規格構造分科会委員。
西野配管装置技術研究所代表。

主な著書
「絵とき 配管技術 基礎のきそ」日刊工業新聞社（2012 年）
「トコトンやさしい配管の本」日刊工業新聞社（2013 年）
「絵とき 配管技術用語事典」（共著）日刊工業新聞社（2014 年）
「トラブルから学ぶ配管技術」日刊工業新聞社（2015 年）
「絶対に失敗しない配管技術 100 のポイント」日刊工業新聞社（2016 年）
「配管設計実用ノート」日刊工業新聞社（2017 年）
「プラントレイアウトと配管設計」（共著）日本工業出版㈱（2017 年）
「ものがたり配管の歴史」日本工業出版（2022 年）

NDC 528

わかる！使える！配管設計入門
〈基礎知識〉〈段取り〉〈実設計〉

2018 年 8 月30日　初版 1 刷発行
2024 年10月25日　初版 3 刷発行

定価はカバーに表示してあります。

Ⓒ著者　　　　西野 悠司
　発行者　　　井水 治博
　発行所　　　日刊工業新聞社　　〒103-8548 東京都中央区日本橋小網町14番1号
　　　　　　　書籍編集部　　　　電話 03-5644-7490
　　　　　　　販売・管理部　　　電話 03-5644-7403　FAX 03-5644-7400
　　　　　　　URL　　　　　　　https://pub.nikkan.co.jp/
　　　　　　　e-mail　　　　　　info_shuppan@nikkan.tech
　　　　　　　振替口座　　　　　00190-2-186076

　企画・編集　　エム編集事務所
　印刷・製本　　新日本印刷㈱（POD2）

2018 Printed in Japan　　落丁・乱丁本はお取り替えいたします。
ISBN　978-4-526-07869-9　C3043